Typografische Systeme

Kimberly Elam

**Aus dem Amerikanischen von
Wolfgang Heuss**

Princeton Architectural Press, New York

Princeton Architectural Press
37 East Seventh Street
New York, New York 10003
www.papress.com

© 2009 Princeton Architectural Press
Englische Originalausgabe *Typographic Systems*
© 2007 Princeton Architectural Press, New York

Alle Rechte vorbehalten
Gedruckt und gebunden in China
12 11 10 09 5 4 3 2 1 Erste Auflage

Die Deutsche Bibliothek verzeichnet diese Publikation in der Deutschen Nationalbibliografie; detaillierte bibliografische Daten sind im Internet über http://dnb.ddb.de abrufbar.

ISBN 978-1-56898-814-6

Design: Kimberly Elam
Lektorat: Jennifer N. Thompson
Lektorat für die deutsche Ausgabe: Nicola Bednarek
Umschlagdesign: Kimberly Elam, Deb Wood

Besonderen Dank an Nettie Aljian, Sara Bader, Dorothy Ball, Janet Behning, Becca Casbon, Carina Cha, Penny (Yuen Pik) Chu, Russell Fernandez, Pete Fitzpatrick, Wendy Fuller, Jan Haux, Clare Jacobson, Aileen Kwun, Nancy Eklund Later, Linda Lee, Laurie Manfra, Katharine Myers, Lauren Nelson Packard, Jennifer Thompson, Arnoud Verhaeghe, Paul Wagner und Joseph Weston von Princeton Architectural Press –Kevin C. Lippert, Verleger

Inhalt

5	Einleitung
7	Aufbau und Methode
10	Vielfalt und Beschränkung
12	Kreis und Komposition
14	Grafische Elemente
17	1. Axialsystem
18	Einleitung
22	Miniskizzen
35	2. Radialsystem
36	Einleitung
40	Miniskizzen
53	3. Kreissystem
54	Einleitung
58	Miniskizzen
71	4. Zufallssystem
72	Einleitung
76	Miniskizzen
87	5. Rastersystem
88	Einleitung
92	Miniskizzen
105	6. Informelles System
106	Einleitung
110	Miniskizzen
121	7. Modularsystem
122	Einleitung
126	Miniskizzen
139	8. Bilateralsystem
140	Einleitung
144	Miniskizzen
156	Danksagung
156	Bildnachweis
157	Ausgewählte Literatur
158	Register

Typografische Systeme

Einleitung

Jedes Design basiert auf einem Struktursystem. Man unterscheidet acht Grundsysteme, wobei innerhalb jeden Systems unendlich viele verschiedene Anordnungen möglich sind. Wenn ein Designer die grundlegenden visuellen Organisationssysteme einmal verstanden hat, kann er Text oder grafische Elemente leicht in einer oder mehreren kombinierten Strukturen anordnen oder auch eine Strukturvariante schaffen. Typografische Organisation ist komplex, weil die Elemente eine Kommunikationsfunktion erfüllen müssen. Auch weitere Kriterien wie Hierarchie, Lesefolge, Lesbarkeit und Kontrast kommen ins Spiel.

Die typografischen Systeme sind mit den Formsprachen der Architekten verwandt, die zur Bestimmung von Baustilen anhand von regelbasierten Kompositionssystemen dienen können. Mittels Formsprachen kann man nicht nur einen Baustil historisch einordnen, sondern auch Designanalysen durchführen. Die acht typografischen Systeme verfügen ähnlich der Formsprachen jeweils über einen eigenen, zielgerichteten Regelsatz, der die Entscheidungsfindung des Grafikers erleichtert und fokussiert. Ein so entstehendes typografisches Layout bedient sich einer auf Formsprache basierenden Bildsprache. Seltsamerweise fördern dabei gerade die Beschränkung und Fokussierung des jeweiligen Systems die Kreativität des Grafikers, wenn er an einem Layout arbeitet.

Grafikstudenten finden die Systeme zunächst seltsam und wenig praktisch, weil sie ihnen bisher weder in Druckerzeugnissen noch am Bildschirm häufiger begegnet sind. Doch wenn sie sich eine Zeitlang mit einem System beschäftigt haben, erkennen sie im Allgemeinen das kreative Potenzial, das in ihm steckt.

Viele Grafiker verlassen sich bei ihrer Arbeit vor allem auf das traditionelle Rastersystem und sind sich des Potenzials anderer Systeme gar nicht bewusst. Die Abbildungen in diesem Buch illustrieren eine breite Palette von Designlösungen. Grafiker, Lehrer und Studenten erweitern so ihr Wissen und lernen, typografisches Design nicht nur anhand von Rastern zu organisieren.

Kimberly Elam

Ringling School of Art and Design
Graphic and Interactive Communication Department
Sarasota, Florida

Aufbau und Methode

Ein Verständnis der visuellen Organisationssysteme gibt dem Grafiker zugleich einen Einblick in den Designprozess. Die traditionelle enge Verbindung zwischen visuellen Prozessen in der Grafikerausbildung und den rigiden horizontalen und vertikalen Rastersystemen der Druckerpresse ist heute nicht mehr allein seligmachend. Eine ordentliche und effiziente Produktion kann heutzutage auch mit weniger starren Methoden erzielt werden. Ein Grafiker kann je nach Bedarf auf eines von acht Systemen visueller Organisation zurückgreifen, um eine typografische Botschaft zu schaffen. Diese Systeme erweitern die Bildsprache der typografischen Kommunikation und sprechen den Leser an.

Die vorliegende prozessorientierte Auseinandersetzung mit typografischen Organisationssystemen ist fokussiert und einfach. In den folgenden Kapiteln werden die acht Systeme beschrieben –

Die Abbildungen zeigen in jeder Reihe links ein paradigmatisches Beispiel für das System, in der Mitte eine Komposition mit einer einzigen Schriftgröße und Strichstärke und rechts ein Layout mit grafischen Elementen.

Axialsystem
Alle Elemente werden entweder links oder rechts einer Achse angeordnet.

 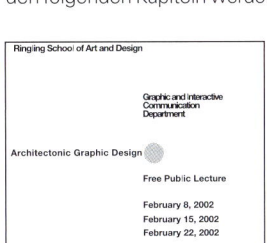 

Radialsystem
Alle Elemente gehen von einem zentralen Brennpunkt aus.

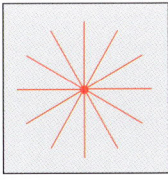 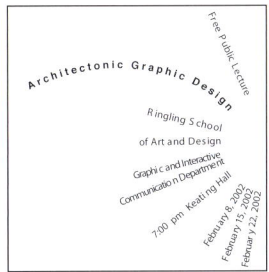 

Kreissystem
Alle Elemente sind kreisbogenartig um einen zentralen Punkt angeordnet.

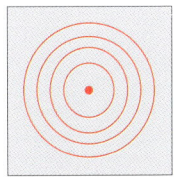 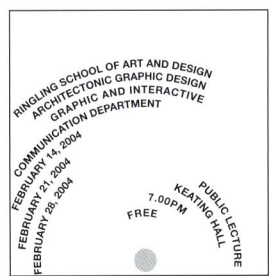 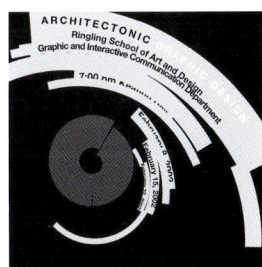

Aufbau und Methode

Axialsystem, Radialsystem, Kreissystem, Zufallssystem, Rastersystem, Informelles System, Modularsystem und Bilateralsystem. Aufgabe des Grafikstudenten ist es, jedes System bei der Entwicklung einer typografischen Botschaft zu nutzen. Die Systeme werden dabei auf doppelte Weise visuell untersucht: Bei der jeweils ersten Übung – einer Reihe von Kompositionen, bei denen die Schrift auf eine Punktgröße und eine Strichstärke beschränkt ist – geht es darum, über die naheliegenden Lösungen hinaus wirklich mit dem System zu experimentieren. Bei der zweiten Übung haben die Studenten zusätzlich die Option, grafische Elemente und unterschiedliche Grauwerte einzusetzen, um die Botschaft möglichst effektiv zu gestalten.

Die aus acht Textzeilen bestehende Botschaft ist bei allen Kompositionen gleich, um die Aufmerksamkeit nicht auf die

Zufallssystem
Die Elemente scheinen weder ein bestimmtes Muster noch eine Beziehung zueinander zu haben.

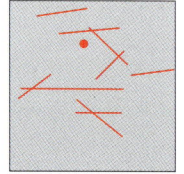
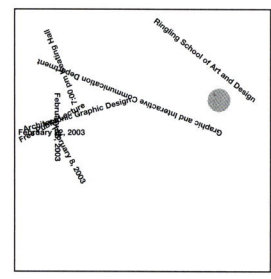
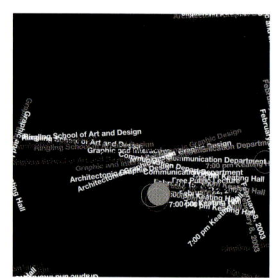

Rastersystem
Die Anordnung der Elemente folgt einem System vertikaler und horizontaler Unterteilung.

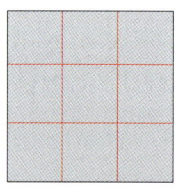
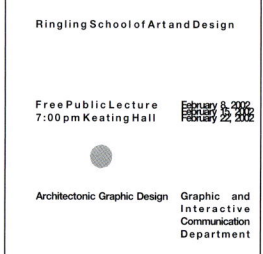

Informelles System
Die Elemente sind verschoben und übereinander gelagert.

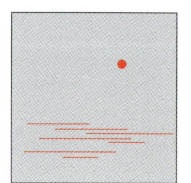
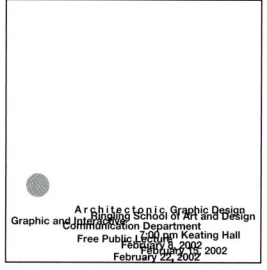
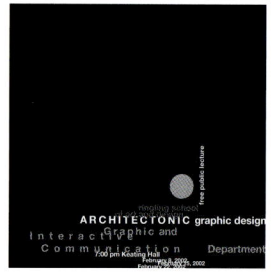

Aufbau und Methode

Botschaft selbst, sondern auf die Variationen im visuellen Organisationssystem zu lenken. Diese Methode erleichtert zum einen den unmittelbaren Vergleich der Systeme, zum anderen fördert sie die Einsicht in typografische Nuancen und erlaubt freies visuelles Experimentieren.

Jedes System hat eine eigene ästhetische und visuelle Sprache. Für längere Botschaften sind die meisten dieser Systeme zwar nicht das Wahre, doch ermöglichen sie eine dynamische Gestaltung kürzerer Texte. Sie eignen sich besonders für interpretative Kommunikation, bei der sich der Grafiker intensiv mit dem Ton und der Struktur, der Länge und dem Sinn der Botschaft auseinandergesetzt hat. Dann verschmelzen Typografie und Botschaft zu einem Bild, das die Aussage weiter verdeutlicht und zu einer wirksamen Einladung an den Betrachter wird.

Modularsystem
Eine Serie grafischer Elemente ist in Form standardisierter Einheiten konstruiert.

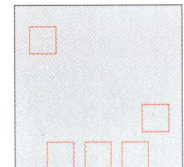 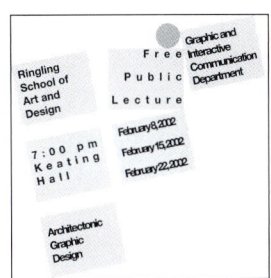 

Bilateralsystem
Der gesamte Text wird beiderseits einer Achse symmetrisch angeordnet.

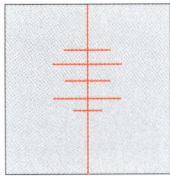 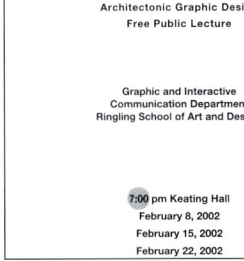 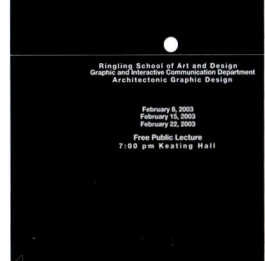

Vielfalt und Beschränkung

Jeder Entwurfsprozess unterliegt typografischen Grenzen, es gibt aber innerhalb dieser Grenzen eine Fülle von Optionen und subtilen Variationen. In unserem Fall sollte jeder Entwurf die Textbotschaft vollständig wiedergeben. Doch aus einer einzelnen Zeile können mehrere werden, und die Anordnung kann so verändert werden, dass man die Botschaft anders liest. Auch der Zeilenabstand kann variiert werden, was wiederum Anordnung und Textur verändert. Durch die Manipulation der Laufweite – von Wort- und Buchstabenabständen – lassen sich Textur und Grauwert deutlich verändern.

Zeilenumbruch
Zeilen können nach Belieben so umbrochen werden, dass weitere Zeilen entstehen.

Architectonic Graphic Design

Architectonic Graphic Design

Architectonic Graphic Design

Wort- und Buchstabenabstand
Veränderungen des Wort- und Buchstabenabstands verändern die Textur. Vergrößert man den Abstand zwischen den Buchstaben, muss man auch den Wortabstand vergrößern, um Lesefehlern vorzubeugen.

Architectonic Graphic Design

Architectonic Graphic Design

Architectonic

Graphic

Design

Zeilenabstand
Der Zeilenabstand kann eng bis überlappend oder groß und luftig sein.

Architectonic Graphic Design

Architectonic Graphic Design

Architectonic Graphic Design

Vielfalt und Beschränkung

Wenn man es bei einem kleinen Format mit mehreren langen Textzeilen zu tun hat, liegt es nahe, als erstes den Zeilenumbruch zu ändern. Dabei entstehen fast von selbst Gruppen logisch zusammengehöriger Texte. Gruppenbildung vereinfacht die Komposition und erhöht die Lesbarkeit.

Viele Grafiker begnügen sich anfangs mit dem vom Computer vorgegebenen Zeilenabstand – etwa ein Fünftel der Mittellänge der jeweiligen Schrift. Bei fortschreitender Arbeit an einem Layout sollte auch auf die Textur des Textes geachtet und ausprobiert werden, wie diese durch Veränderung des Zeilenabstands dichter bzw. luftiger wird.

Ringling School of Art and Design Graphic and Interactive Communication Department Architectonic Graphic Design Free Public Lecture February 8, 2005 February 15, 2005 February 22, 2005 7:00 pm Keating Hall	Ringling School of Art and Design Graphic and Interactive Communication Department Architectonic Graphic Design Free Public Lecture February 8, 2005 February 15, 2005 February 22, 2005 7:00 pm Keating Hall	Ringling School of Art and Design Graphic and Interactive Communication Department Architectonic Graphic Design Free Public Lecture February 8, 2005 February 15, 2005 February 22, 2005 7:00 pm Keating Hall

Zeilenumbruch
Die längste Zeile – „Graphic and Interactive Communication Department" – sollte umbrochen werden, um die Botschaft flüssiger zu gestalten (links). Kürzere Zeilen kann man leichter verschieben (Mitte) und zu plausiblen Gruppen zusammenfassen (rechts).

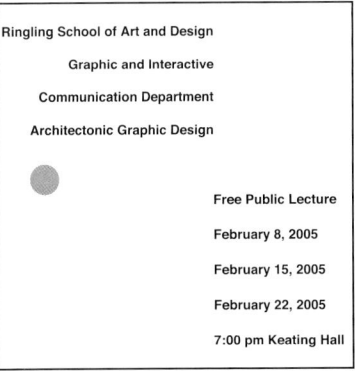
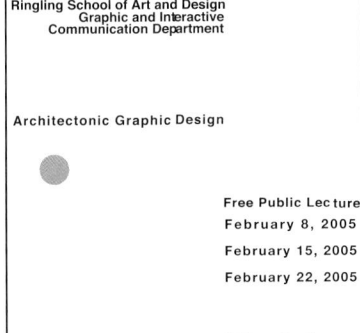
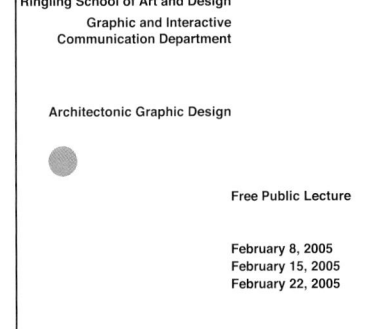

Zeilenabstand
In den Anfangsstadien eines Projekts übernimmt der Grafiker beim Zeilenabstand oft die Standardeinstellung des Computers (links). Im weiteren Verlauf probiert er Gruppierungen von Textzeilen und verschiedene Zeilenabstände aus (Mitte). Je sicherer er seiner Sache wird, desto genauer plant und gestaltet er Zeilen-, Wort- und Buchstabenabstand (rechts).

Kreis und Komposition

Der Kreis ist eine Art Joker, d.h., er kann an jeder beliebigen Stelle der Komposition eingesetzt werden. Besonders wenn der Grafiker sich typografisch auf eine einzige Schriftgröße und eine einzige Strichstärke beschränkt, ist der Kreis ein Mittel, um den Blick zu führen, einen Drehpunkt zu bilden, Spannung oder Betonung zu erzeugen oder visuell für Organisation und Gleichgewicht zu sorgen.

Bei der hier abgebildeten Serie von Kompositionen mit nur einer Schriftgröße und Strichstärke bewirken unterschiedliche Platzierungen des Kreises dramatische Veränderungen: Quetscht man ihn zwischen Textzeilen, entsteht Spannung, setzt man ihn sehr nah an eine Zeile oder ein Wort, wird diese Zeile bzw. dieses Wort betont, setzt man ihn auf die selbe Höhe wie eine Zeile, wirkt die Komposition durchorganisiert.

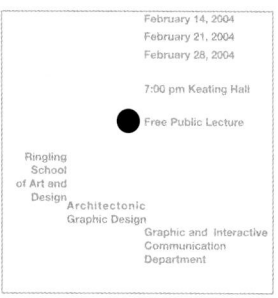

Betonung

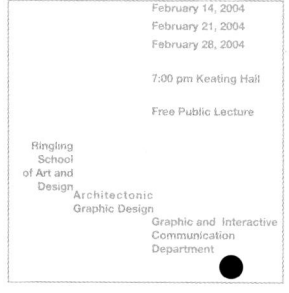

Schlusspunkt

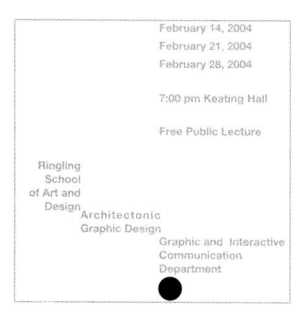

Betonung und Spannung

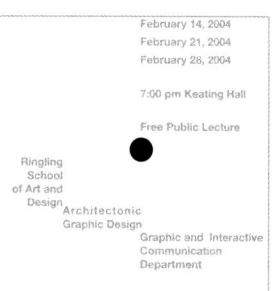

Organisation

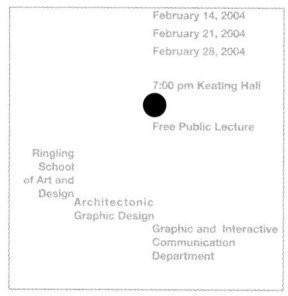

Organisation und Betonung

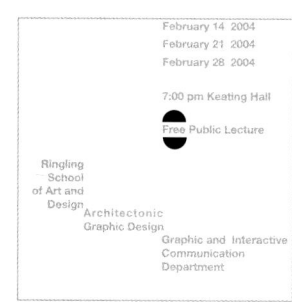

Betonung

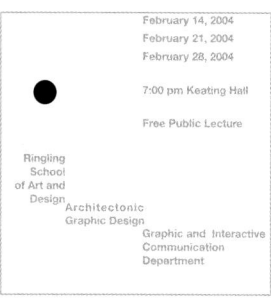

Gleichgewicht

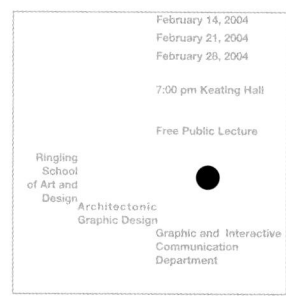

Gleichgewicht und Drehpunkt

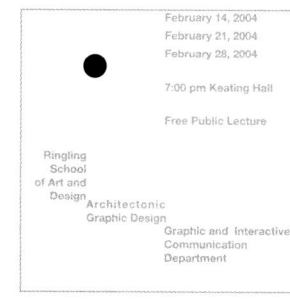

Gleichgewicht und Drehpunkt

Kreis und Komposition

Platziert man einen Kreis oben links im Format, kann er zum Ausgangspunkt einer Botschaft werden, unten rechts zu deren Schlusspunkt. Hat ein Student eine Serie von Miniskizzen angefertigt, sollte er aufgefordert werden, aus der überzeugendsten Komposition eine weitere Serie zu entwickeln und dabei nur den Kreis zu verschieben. Bei der anschließenden Bewertung der Ergebnisse zeigt sich meist, dass es mehrere gelungene, aber ganz unterschiedliche Lösungen gibt. So lernen die Studenten, dass ein kleines Element Blickführung und Komposition völlig verändern kann.

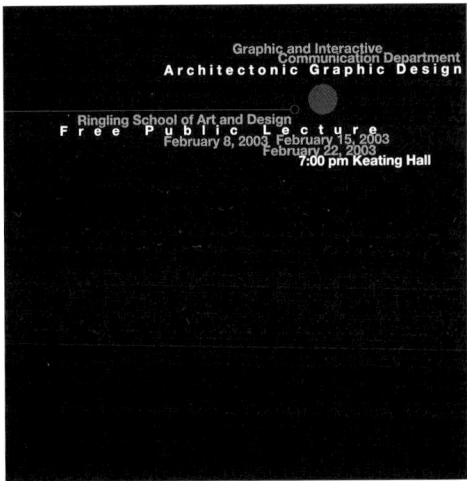

Betonung und Organisation
Der Kreis trennt die beiden Textgruppen und betont die weißen Zeilen.

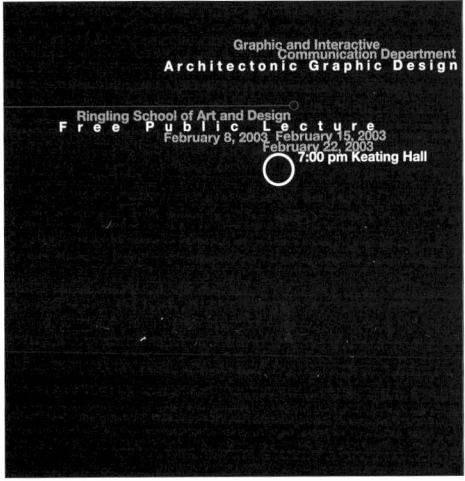

Spannung
Der Kreis erzeugt Spannung durch seine Nähe zum Text – der Betrachter kann den Blick nicht ohne weiteres von ihm lösen, um den Text zu lesen.

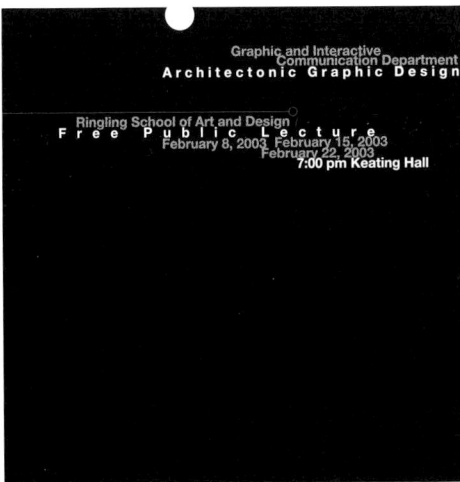

Ausgangspunkt
Der Betrachter „betritt" die Komposition an der Stelle, an der der Kreis in die schwarze Fläche eindringt.

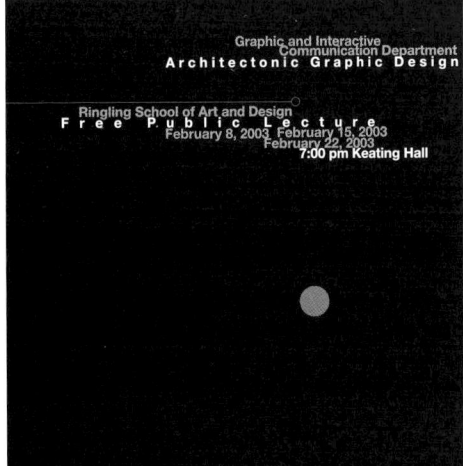

Schlusspunkt
Der Kreis aktiviert die Schwarzfläche und wird zum Ruhepunkt für das Auge.

Grafische Elemente

Grafische Elemente können eine Komposition klarer und pointierter machen. Genau wie die Typografie erfüllen sie funktionale Aufgaben: Während es bei typografischen Elementen um die Kommunikation einer Botschaft an sich geht, sorgen grafische Elemente für zusätzliche Betonung, Organisation und Gleichgewicht. Im Verbund mit der Typografie fungieren sie als Wegweiser, die helfen, die Botschaft klarer zu kommunizieren, indem sie die hierarchische Ordnung unterstreichen und den Blick des Betrachters führen. Außerdem können sie den Eindruck von Organisation und Richtung vermitteln und eine Botschaft dadurch intensivieren.

Die Studenten sind durch die kritische Betrachtung ihrer Mini-Entwurfsserien bereits für Kompositionsnuancen sensibilisiert und wenden eben diese Sensibilität jetzt auf grafische Elemente und Variationen im Grauwert an. Viele Studenten finden dieses Stadium des Projekts besonders interessant und die Ergebnisse besonders befriedigend.

Balkenserie

Durch Balken kann man eine Botschaft strukturieren oder betonen. Balken gleicher Länge und Strichstärke dienen in erster Linie der Strukturierung. Wenn der Grafiker die Strichstärke variiert, schafft er einen Rhythmus und lenkt den Blick nach unten. Durch unterschiedliche Balkenlängen kann man die Diagonale betonen. Durch Änderung der Strichstärke kann man eine Hierarchie schaffen, indem der Blick auf die größte schwarze Fläche gelenkt wird (ganz rechts).

Ursprüngliche Komposition

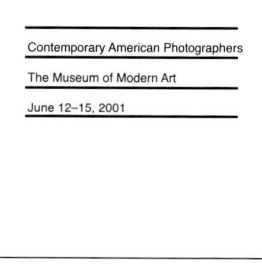

Balken als Organisationselemente

Kreisserie

Der Kreis kann Drehpunkt oder hierarchieschaffendes Element sein. Unsere Beispiele zeigen Kreise, die den Blick auf ein bestimmtes einzelnes Wort lenken und so bewirken, dass dieses als erstes gelesen wird.

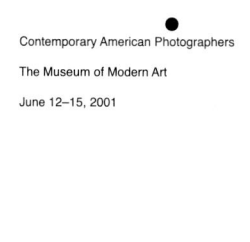

Betonung und Hierarchisierung durch Kreise

Grauwertserie

Allein durch Variationen im Grauwert lässt sich die Hierarchie einer Botschaft dramatisch verändern. Auf einem weißen Hintergrund zieht die größte Menge an Schwarz den Blick auf sich, auf schwarzem Hintergrund die größte Menge an Weiß. Auch Wörter oder Wortteile können so hervorgehoben werden und der Botschaft eine Art visuelle Interpunktion verleihen.

Betonung und Hierarchisierung durch Variation des Grauwerts

Grafische Elemente

Die Beispiele auf dieser Doppelseite verwenden simple grafische Elemente wie Balken, Kreise und Grauwerte. In der Balkenserie erkennt man deutliche visuelle Unterschiede zwischen Balken gleicher bzw. unterschiedlicher Länge in einer sonst identischen Komposition. Ein visuell komplizierteres Layout ergibt sich bei unterschiedlichen Strichstärken. Da es sich beim Kreis um ein visuell dominantes Element handelt, zieht selbst ein kleiner Kreis immer den Blick auf sich. Daher lässt sich der Kreis leicht zum Zweck der Betonung einsetzen. Durch einfache Variation des Grauwerts schließlich lassen sich Hierarchie und Textur der Botschaft beeinflussen. Der Text ist bei allen Beispielen auf dieser Doppelseite derselbe; er wird jedoch jeweils unterschiedlich gelesen.

Der Einsatz grafischer Elemente will wohl überlegt sein; man hüte sich vor Elementen, die die Botschaft übertönen, sei es durch zu viel Farbe oder durch eine zu komplexe Form.

Balken als rhythmische Elemente

Balken zur Betonung der Diagonalen

Balken zur Betonung der Hierarchie

1. Axialsystem

Anordnung links und rechts einer Achse

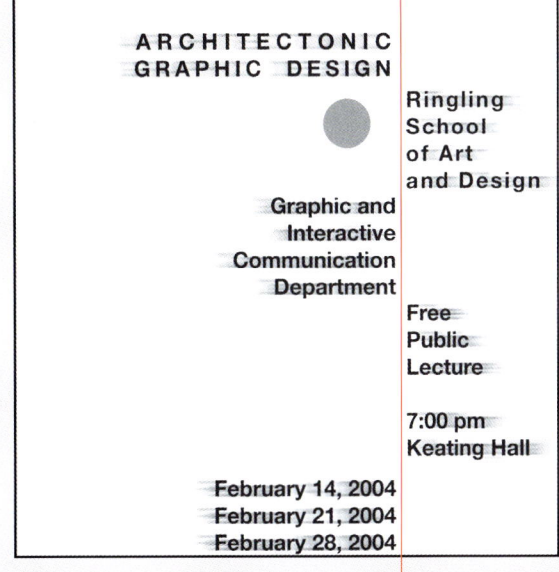

Axialsystem, Einleitung

Das Axialsystem ist eines der einfachsten Organisationssysteme. Alle Elemente befinden sich entweder links oder rechts einer einzigen Achse – wie Äste beiderseits eines gedachten Stammes. Je nach Platzierung der Achse entsteht eine symmetrische oder asymmetrische Komposition. Natürliche Beispiele für Axialanordnungen sind Baumstämme, Blumenstängel und die Beschaffenheit vieler anderer Pflanzen.

Die Erfahrung lehrt, dass eine asymmetrische axiale Anordnung meist interessanter ist als eine symmetrische. Wird die Achse von der Mitte aus nach links oder rechts verschoben, ergibt sich durch die Veränderung der Flächenverhältnisse eine interessantere Raumaufteilung. Mittels der Asymmetrie lässt sich ein Entwurf auf relativ simple Weise visuell interessanter gestalten.

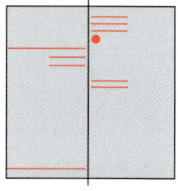

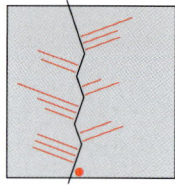

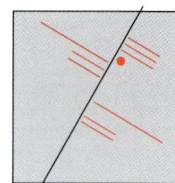

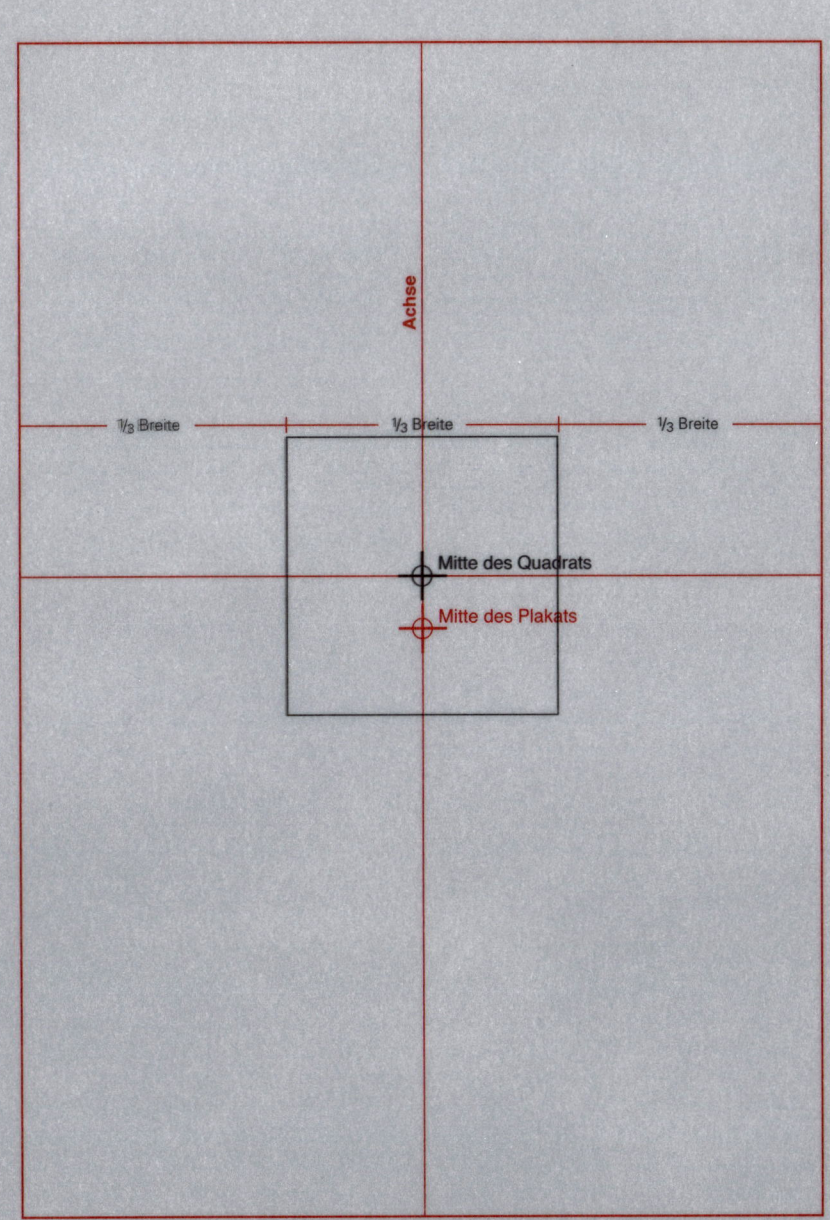

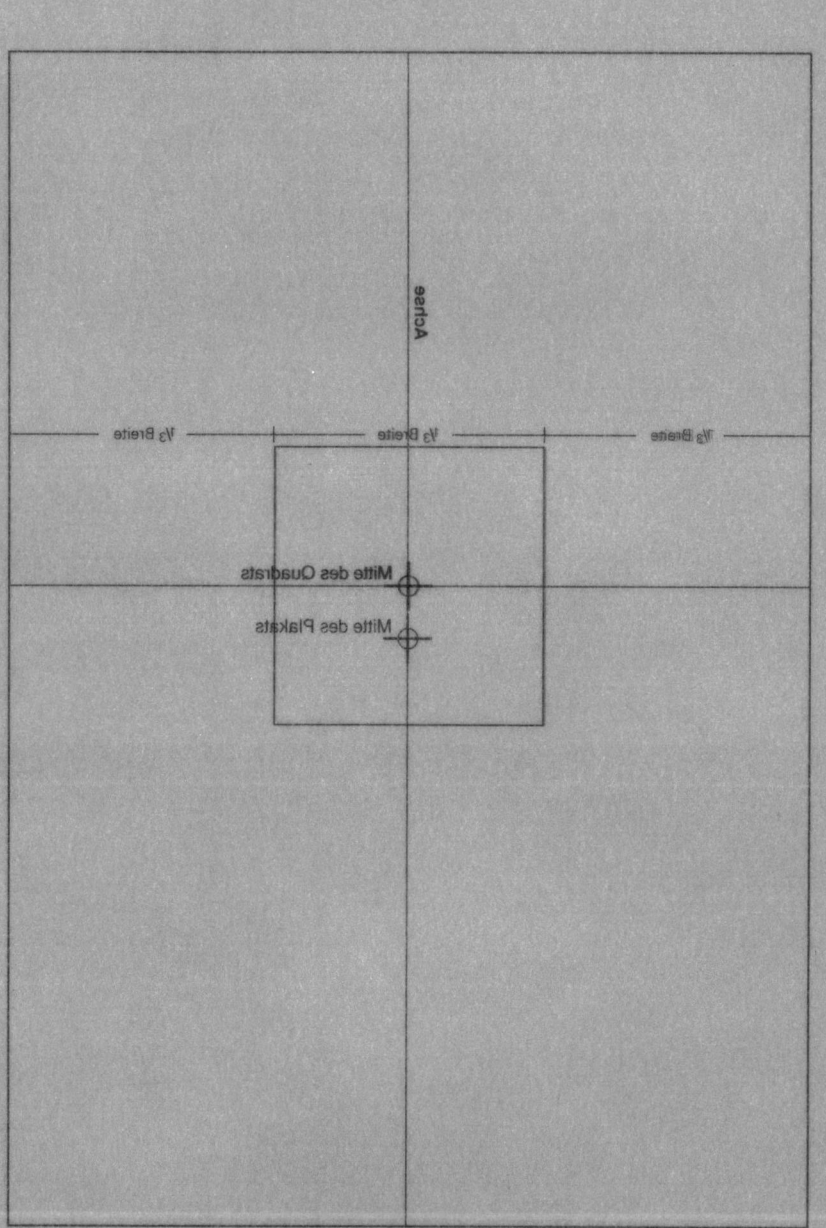

Axialsystem

Asymmetrie mag ihre Reize haben, doch der Gestalter dieses Plakats setzt auf eine Mittelachse, um an die klare Linie von Le Corbusiers moderner Architektur zu erinnern und sie zu feiern. An dieser Achse orientiert sich einerseits die Typografie, andererseits auch das über Teile des Gesichts gelegte Hochglanzquadrat. Einen asymmetrischen Akzent setzt die Hand, mit der der Architekt nach der geometrischen Brille greift, die sein Markenzeichen war. Auch die beiden dünnen kurzen waagerechten Linien am linken und rechten Rand – eine durch sie gezogene Gerade würde das Hochglanzquadrat horizontal halbieren – lenken den Blick des Betrachters auf Le Corbusiers Gesicht.

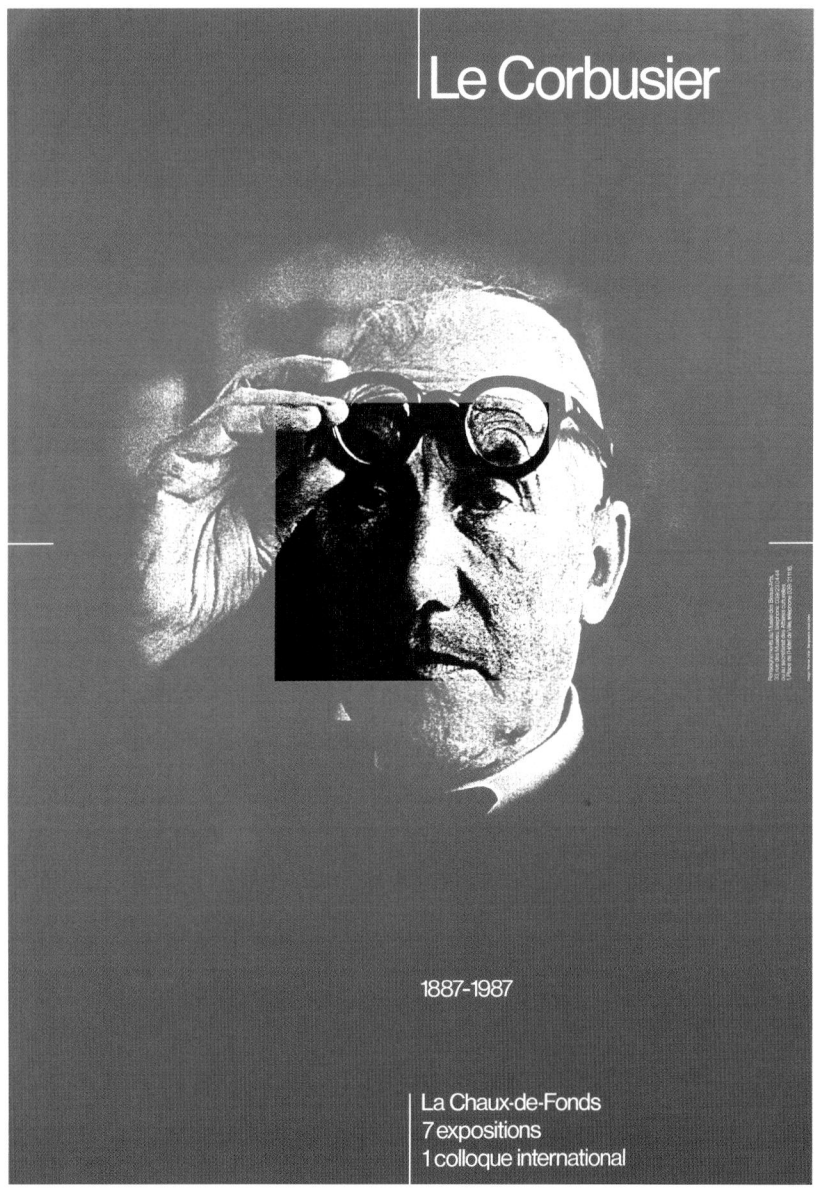

Werner Jerker, 1987

Axialsystem

Durch die linksbündige Ausrichtung der Zeilen an einer gekrümmten Achse bildet Dietmar Winkler bei diesem Plakat für Blechbläserkonzerte den Schalltrichter eines Horns nach.

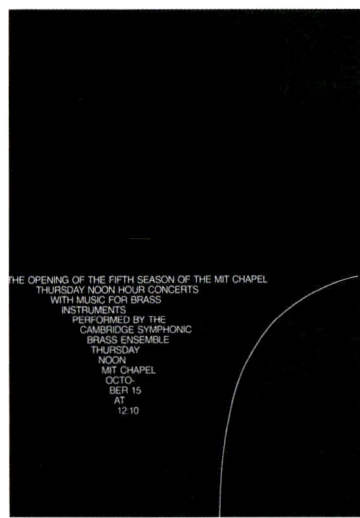

Dietmar Winkler

Emil Ruder, c. 1960

Bei dem Plakat „10 zuercher maler" definiert Emil Ruder die Achse durch den stark betonten Abstrich der Ziffer 1. Die Vertikale wird zusätzlich dadurch betont, dass die Ziffer am oberen Seitenrand angeschnitten ist und sich unten im Buchstaben h unmittelbar fortsetzt. Die senkrechte Teilung des Plakats im Verhältnis 1:2 durch die Ziffer 1 und die Kolumne mit den Namen der Künstler ergibt gefällige Proportionen.

Axialsystem

Odermatt & Tissi, 1980

Diese bemerkenswerte Arbeit ist sparsam (Zweifarbdruck) und einfach (Einzelachse) zugleich. Es werden nur zwei Schriftgrößen verwendet, doch die drei weiß herausgehobenen Wörter schaffen eine eindeutige Hierarchie. Die asymmetrisch angeordnete Achse erzielt angenehme Proportionen und teilt das Plakat im Verhältnis 2:1. Zusätzliche Dynamik entsteht durch die diagonale Anordnung der Schrift an der vertikalen Achse.

Axialsystem, Miniskizzen

Das leicht verständliche Axialsystem schärft das Bewusstsein der Studenten für Gruppierung, Buchstaben-, Wort- und Zeilenabstand und Komposition. Durch die Anordnung der Elemente entlang einer Achse werden sie zueinander in direkte Beziehung gesetzt, und die Botschaft erhält eine innere Ordnung. Das Axialsystem macht es relativ leicht, ein gefälliges Layout zu schaffen; etwas schwieriger ist es, eine ungewöhnliche Lösung zu finden.

In der Anfangsphase versuchen die Studenten durch Variieren von Zeilenumbruch und Gruppierung die Kommunikation zu verbessern. Viele Kompositionen wirken recht ähnlich, und so werden bald alternative Texturen und Anordnungen ausprobiert. Angesichts der vorgegebenen Beschränkung auf eine einzige Schriftgröße und Strichstärke beginnen die Studenten, mit verschiedenen Zeilen- und Buchstabenabständen zu experimentieren.

Anfangsphase
Zunächst geht es darum, das Axialsystem zu verstehen und die Botschaft durch Zeilenabstand und Zeilenumbruch zu strukturieren.

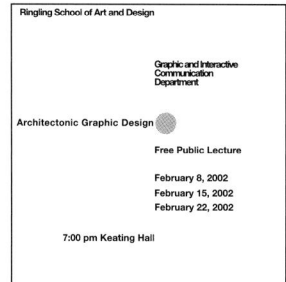
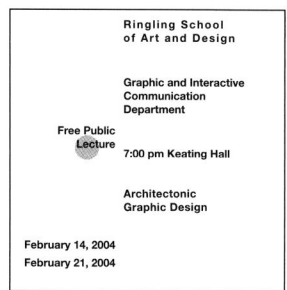

Zwischenphase
Wenn der Grafiker das Axialsystem einmal verstanden hat, kann er mit Wort- und Buchstabenabständen experimentieren. Weißraum und Textur gewinnen jetzt an Bedeutung.

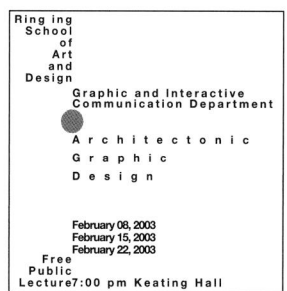
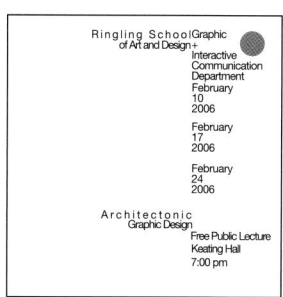

Fortgeschrittene Phase
Später experimentieren die Grafiker mit gebrochenen Achsen, ungewöhnlichen Ausrichtungen und unkonventionellen Zeilenumbrüchen. Die Achse kann statt streng vertikal im Zickzack verlaufen oder ganz nah an einen der Seitenränder verschoben werden. Der ganze Text kann an einer einzigen Stelle zusammengedrängt oder in eine vertikale Säule aufgelöst werden.

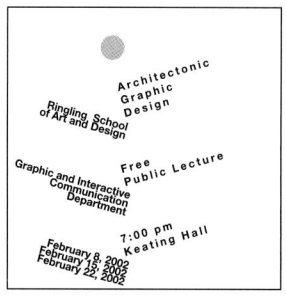
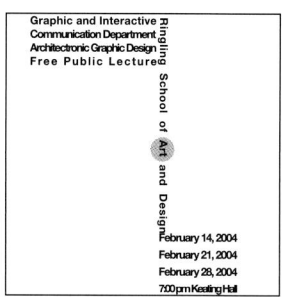

Axialsystem, Miniskizzen

Die Studenten sollen selbst erfahren, wie sich bei Vergrößerung bzw. Verringerung der Laufweite die Textur ändert, und luftige und dichte Texturen einander gegenüberstellen. Durch die Verschiebung der Achse entwickeln sie einen Sinn für die Schönheit der Asymmetrie.

Oft entstehen gegen Ende der Arbeit mit den Miniskizzen unerwartet kreative Entwürfe – die Studenten lernen, die Schranken zu überwinden, die sie sich durch ihre Erwartungen selbst gesetzt haben, und bei der Form der Achse, beim Zeilenumbruch und bei der räumlichen Organisation ihrer Kreativität freien Lauf zu lassen.

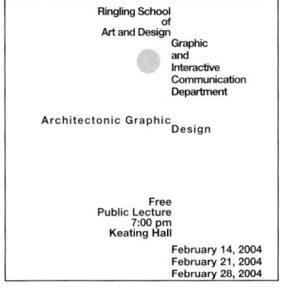
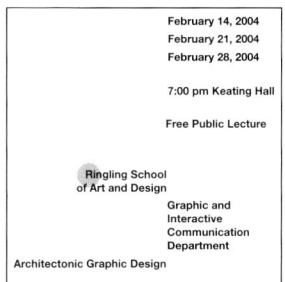
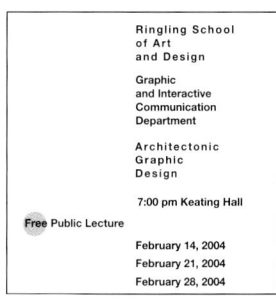
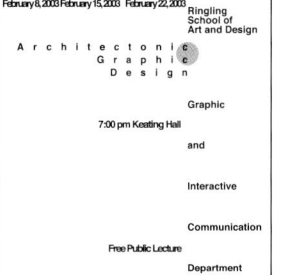

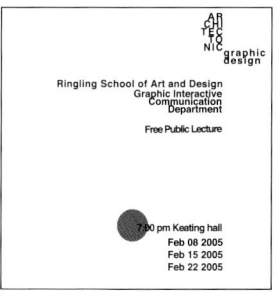
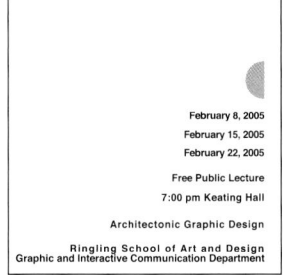

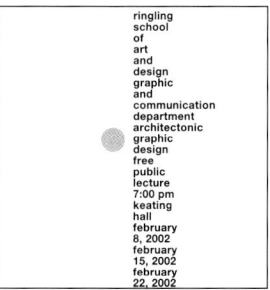

Axialsystem

Geringe Spaltenbreiten
Schmale Spalten mit kurzen Zeilen bieten bei der Positionierung der Achse viele Variationsmöglichkeiten. Bei dem Entwurf rechts hat sich der Grafiker bei den meisten Zeilen auf ein einziges Wort beschränkt. Spannung entsteht durch das schmale graue Rechteck und die Nähe des Textes zu der schwarzen Fläche, Betonung durch den roten Punkt und die dünne Linie zwischen den Wörtern „architectonic" und „graphic".

Wenn man Achse und Text nach links oder rechts verschiebt, entstehen asymmetrische Kompositionen. Bei den Beispielen unten bleibt die innere Anordnung der Textspalte stets gleich, doch das Format ist vertikal jeweils anders dreigeteilt. Die zentrierte Anordnung in der Mitte ist wegen der ähnlichen Proportionen des Weißraums links und rechts eher langweilig. Verschiebt man die Achse jedoch nach links oder rechts, so ergeben sich durch die Veränderung der Flächenverhältnisse interessantere Lösungen, bei denen neben der Botschaft auch die jeweiligen Weißflächen den Blick auf sich ziehen.

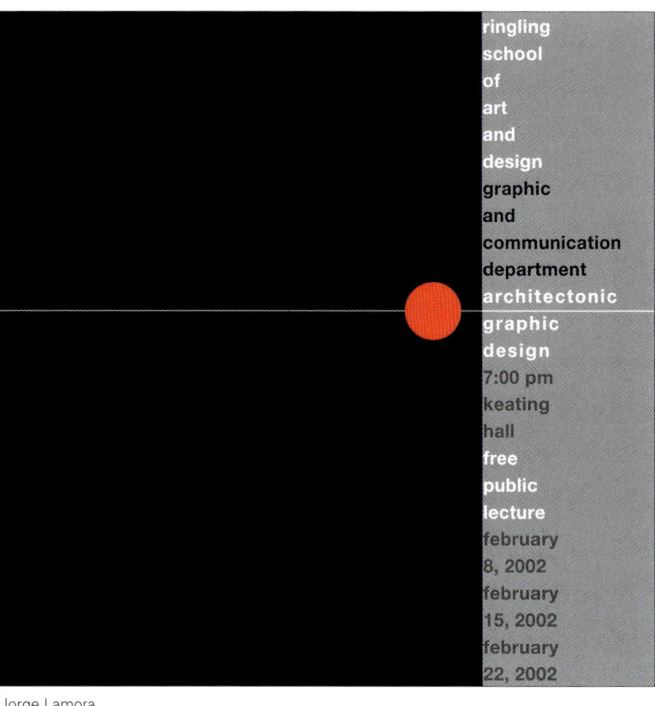

Jorge Lamora

Bei diesen Studien für die Komposition oben sieht man, wie die Positionierung der Achse links, mittig und rechts die Flächenproportionen verändert.

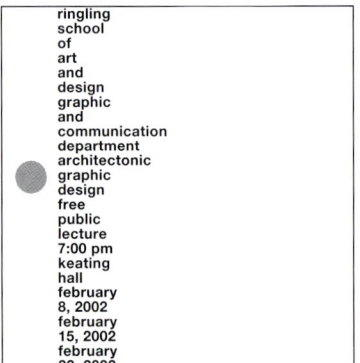
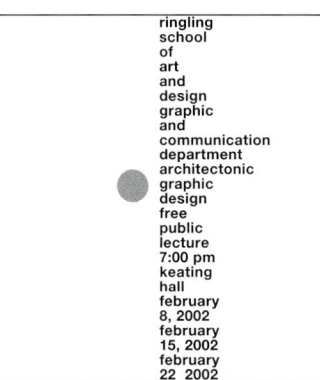
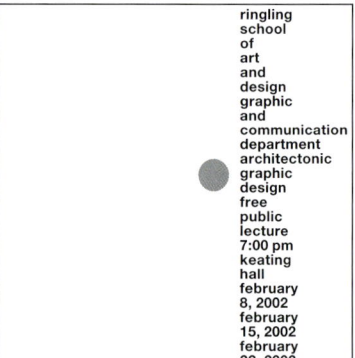

Axialsystem

Große Spaltenbreiten

Längere Zeilen sind zwar weniger flexibel, ermöglichen aber ebenfalls interessante Kompositionen. Bei dem Beispiel rechts spielt der Grafiker mit ungleicher Raumaufteilung ober- und unterhalb des Textes. Außerdem zeigt das Layout, dass Zeilen auch einmal schräg verlaufen oder auf dem Kopf stehen können. Visuell sorgen die in Bezug zur Grundlinie schrägen Zeilen für Unruhe, Aufmerksamkeit und Interesse. Die Kompositionen unten bedienen sich einer ähnlichen Strategie und trennen Textgruppen durch Veränderungen im Grauwert. In beiden Fällen wird der Text an einer Stelle zusammengedrängt, wodurch der ausgedehnte Hintergrund ein ganz anderes Gewicht erhält.

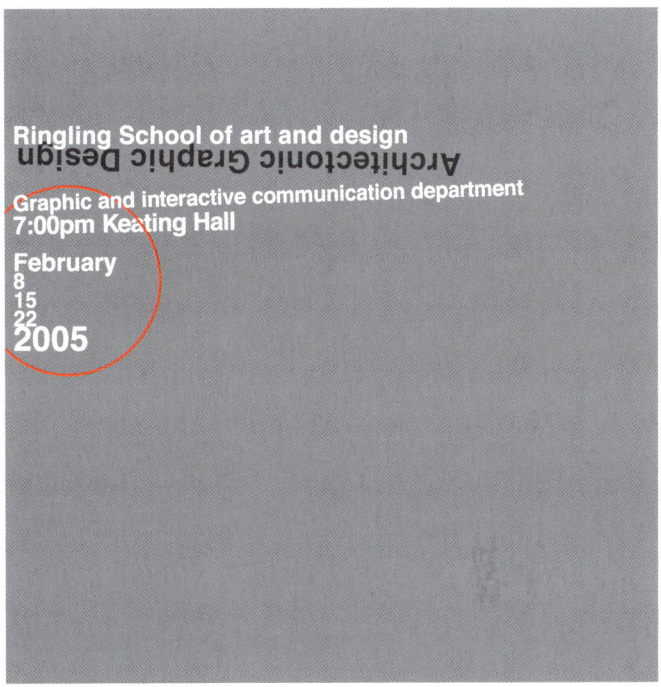

Jonathon Seniw

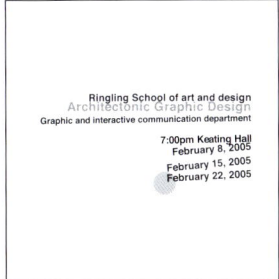

Vorstudie für die Komposition rechts oben

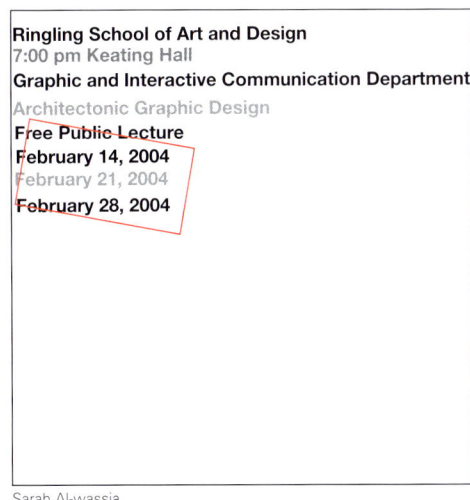

Sarah Al-wassia

Mona Bagla

Axialsystem

Transparenz

Der Computer gibt dem Grafiker heute Werkzeuge an die Hand, wie sie früher nur Fotografen und ihren Assistenten in der Dunkelkammer zur Verfügung standen. Die Idee, transparente Ebenen als grafische Elemente übereinander zu legen wie in den Beispielen auf dieser Seite, ist durchaus reizvoll. Durch die verschiedenen Farbwerte entsteht ein Rhythmus, und durch die Überlagerungen wird die Achse zusätzlich betont.

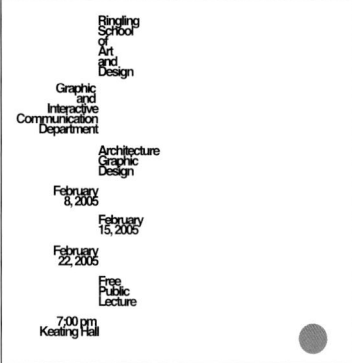

Vorstudie mit einer einzigen Schriftgröße und Strichstärke für die Kompositionen rechts

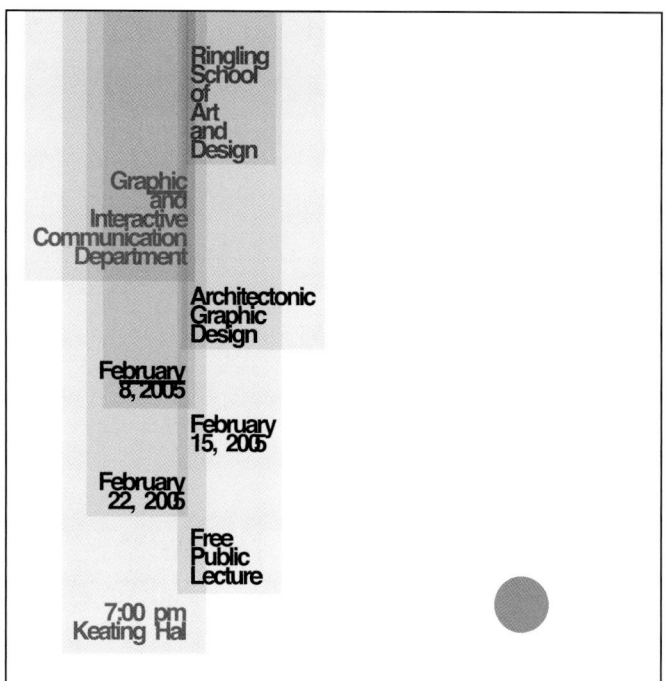

Nicholas Lafakis

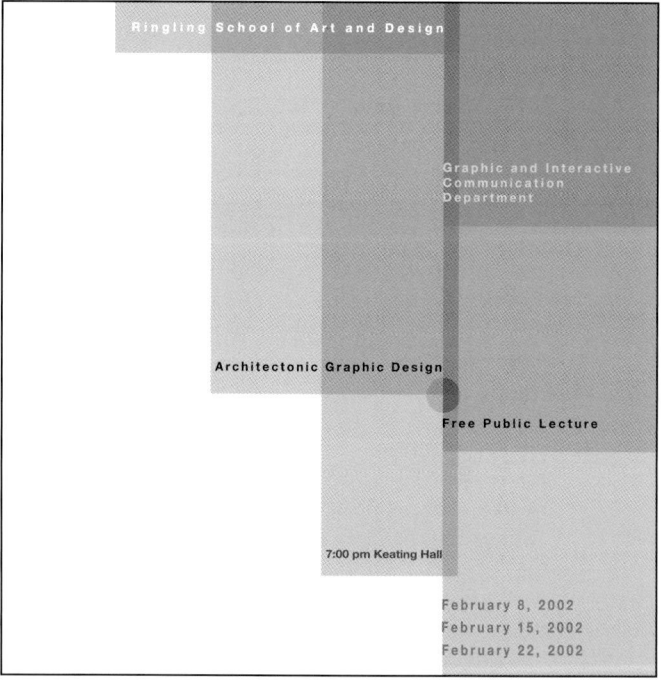

Axialsystem

Transparenz

Die Arbeit mit grafischen Elementen beginnt erst, nachdem die Studenten eine Serie von Entwürfen angefertigt haben, die typografisch auf eine einzige Schriftgröße und Strichstärke beschränkt sind. Die Beispiele unten gehören zu diesen Vorübungen. Sie zeigen den Lernprozess, in dem der Student zur Vorbereitung auf die Arbeit mit grafischen Elementen zunächst robuste Axialkompositionen entwickelt.

Der Entwurf rechts zeigt, wie Veränderungen des Grauwerts in Verbindung mit der Einführung transparenter grafischer Elemente eine Komposition aufwerten können. Die an sich einfache Struktur wird durch zwei Rechtecke und einen Kreis modifiziert, der eine Ecke betont. Textgruppen werden durch Veränderung des Grauwerts identifiziert und die beiden längsten Zeilen durch ihre Positionierung an den Längsseiten des größeren Rechtecks hervorgehoben.

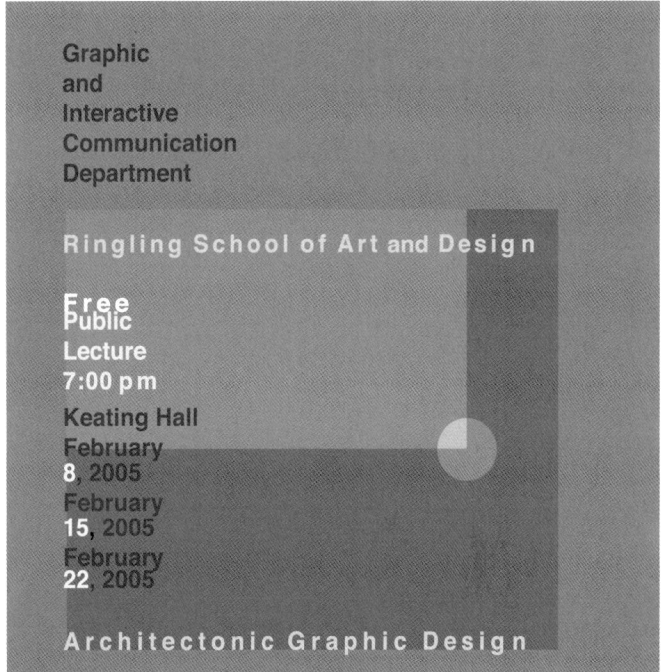

Kisa Brown

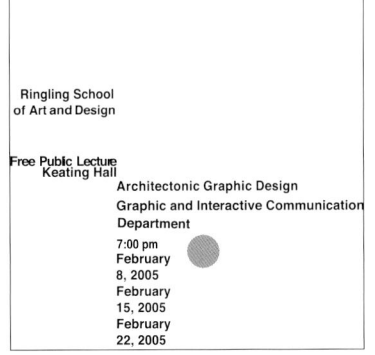

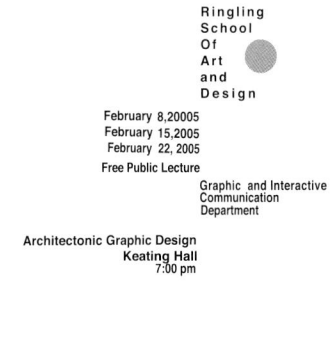

Drei Studien für die oben abgebildete Komposition aus einer Serie mit Text in einer einzigen Schriftgröße und Strichstärke

Axialsystem

Horizontale Bewegung
Aufgrund der Ausrichtung entlang einer einzigen Achse weisen viele Axialkompositionen eine starke vertikale Bewegung auf. Anders im Entwurf rechts: Obwohl sich alle typografischen Elemente streng an der vertikalen Achse orientieren, verändert sich die visuelle Akzentuierung durch die rechteckigen Streifen, die horizontal über das ganze Blatt laufen und den Titel der Vortragsreihe betonen. Die horizontale Bewegung ist so stark, dass der Text zu schweben scheint. Die von derselben Grafikerin stammenden Miniskizzen unten zeigen die breite Palette visuellen Denkens in dem Projekt.

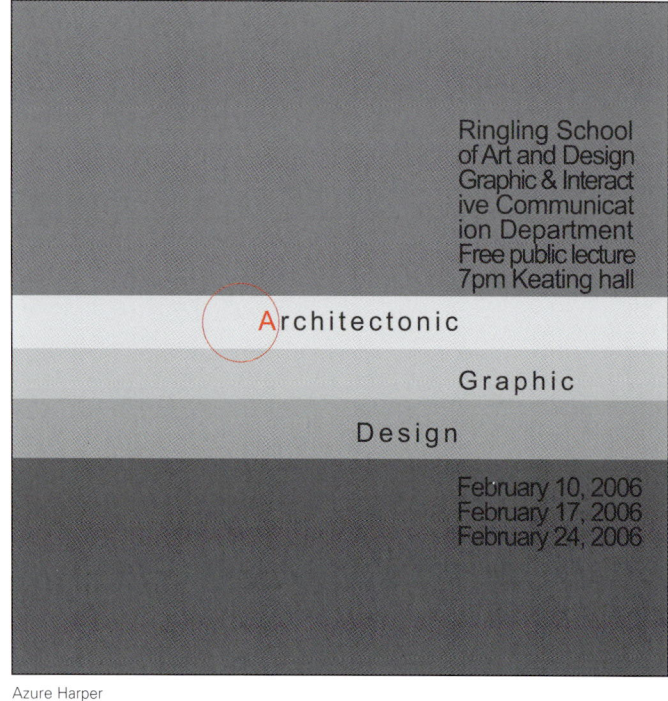

Azure Harper

Vier Studien für die oben abgebildete Komposition aus einer Serie mit Text in einer einzigen Schriftgröße und Strichstärke

Axialsystem

Geformter Hintergrund
Durch Vergrößerung kann aus grafischen Elementen ein die Fläche formender Hintergrund entstehen. Bei den drei Entwürfen auf dieser Seite führt der geformte Hintergrund das Auge zum Text und macht das Layout visuell interessanter. Die axialen Anordnungen der Zeilen wirken dadurch lebendiger.

In der Komposition rechts bildet das wiederholte Kreiselement einen Kontrast zu der vertikalen Achse. Außerdem kontrastiert der gesperrt gedruckte hellgraue Text mit den sehr eng gesetzten weißen Zeilen auf der grauen Fläche.

Unten links wird der Hintergrund in eine große dunkelgraue und eine kleinere hellgraue Fläche geteilt. Die treppenstufenartige Trennlinie greift die gestufte Form der Textblöcke wieder auf.

Unten rechts überschneidet der kleine Kreis kontrapunktisch die hellgraue Binnenfläche, die den Blick zur Achse und zum Text lenkt.

Loni Diep

Ann Marie Rapach

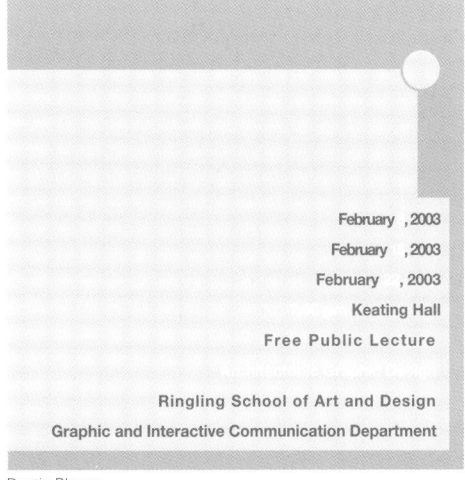

Dustin Blouse

Axialsystem

Gedachte geformte Achse

Meistens steht die Achse im rechten Winkel zur Grundlinie des Blattes, doch das Axialsystem erlaubt auch geformte Achsen. Es kann sich um einen einzigen Knick handeln oder um einen Zickzackeffekt mit mehreren Richtungswechseln. Solche Kompositionen werden übersichtlicher, wenn man Textzeilen zu Gruppen zusammenfasst, wodurch auch die geformte Achse klar definiert wird.

Bei dem oberen Entwurf ist die gedachte Achse nur durch den rechten Rand der Textblöcke definiert. Bei dem viel komplexeren unteren Entwurf handelt es sich um eine gedachte Zickzackachse, die ebenfalls durch Textblöcke definiert ist. Eine gedachte geformte Achse stellt etwas größere Anforderungen an die Vorstellungskraft des Betrachters.

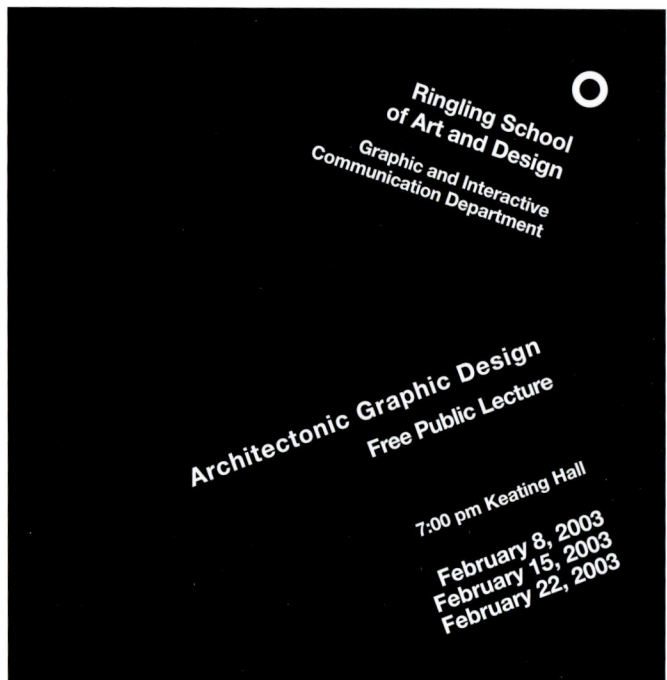

Jeremy Borthwick

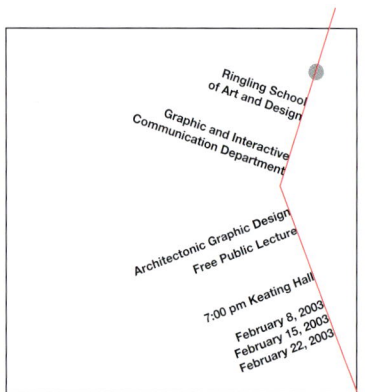

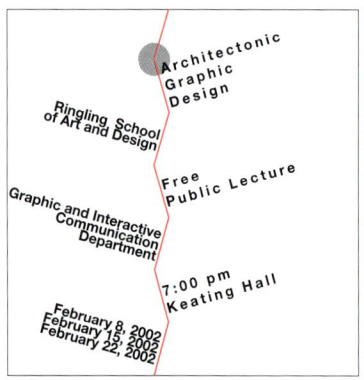

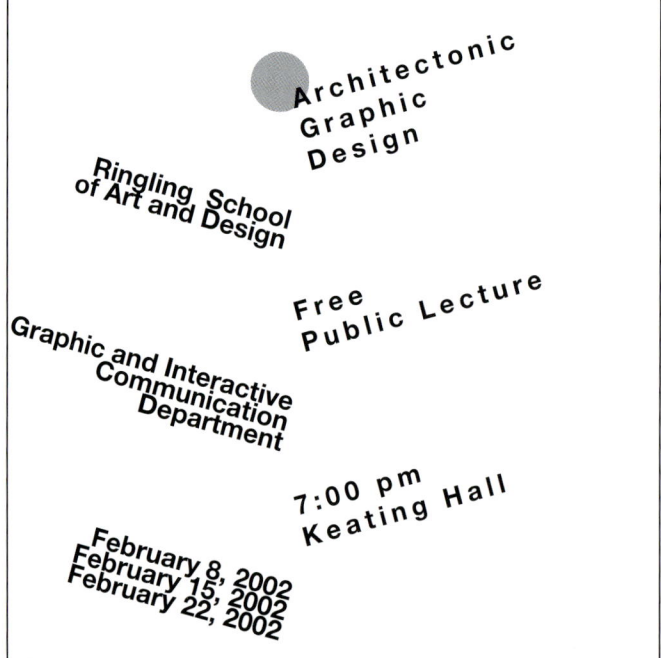

Melissa Rivenburgh

Axialsystem

Explizite geformte Achse
Mit verschiedenen Grauwerten und grafischen Elementen kann man in einer Komposition visuell kraftvolle Pointen setzen, indem man z.B. Farbfelder begrenzt, die Fläche aufteilt und die Form der Achse betont. Grafische Elemente können die geformte Achse klarer definieren und den Raum durch Linien oder Unterschiede im Grauwert aufteilen.

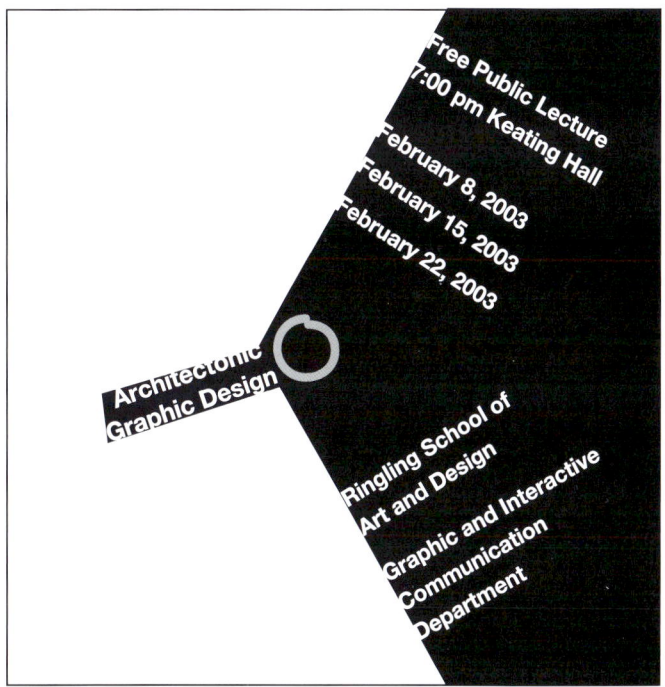

Rebekah Wilkins

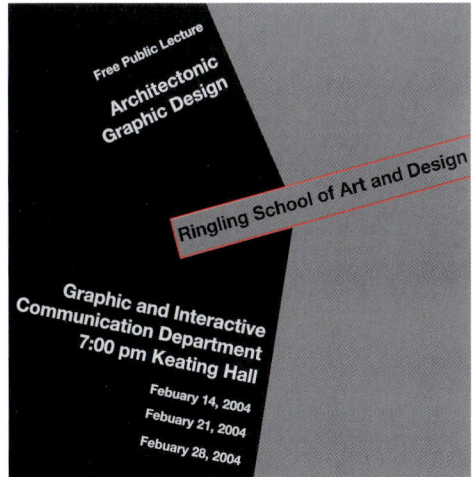

Loni Diep

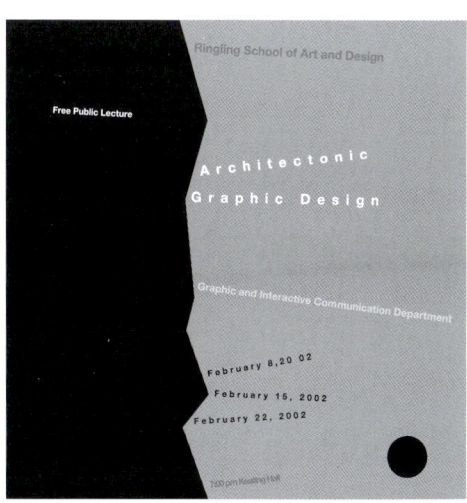

Rebekah Wilkins

Axialsystem

Diagonalachse

Nahezu jede Axialkomposition lässt sich durch Drehung in eine Diagonale bringen. Weil die Diagonale visuell die dynamischste Richtung ist, entsteht so ein lebhaftes Layout, das in Bewegung zu sein scheint. Die Raumaufteilung wird komplexer, weil Leerflächen nicht rechteckig oder quadratisch sind, sondern dreieckig.

Ausgangspunkt für die Komposition rechts sind die Entwürfe mit einer einzigen Schriftgröße und Strichstärke unten. Nach der Drehung in die Diagonale wurde die Anordnung der Textzeilen nur geringfügig verändert. Der schwarze Hintergrund und die geformte graue Fläche brechen die Komposition auf; durch die Formung der grauen Fläche entsteht Divergenz, und die Uhrzeit der Vorträge wird betont.

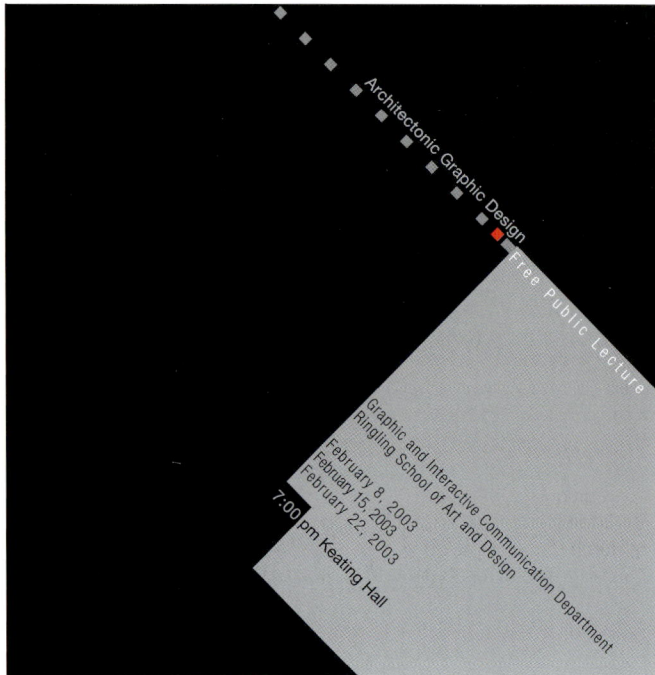

Loni Diep

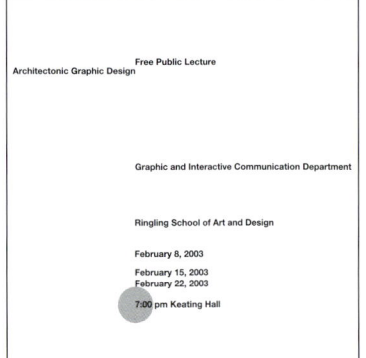 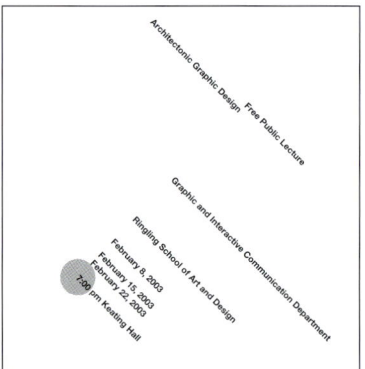

Studien mit einer einzigen Schriftgröße und Strichstärke für die Komposition oben

Axialsystem

Diagonalachse

Die Arbeit rechts spielt auf elegante Weise mit einer diagonalen Anordnung. Ähnlich wie bei dem Plakat von Odermatt & Tissi auf S. 21 verlaufen die rechtsbündig an einer vertikalen Achse ausgerichteten Textzeilen diagonal. Da der Blick des Betrachters beim Lesen jeder Zeile zur Achse gelenkt wird, entsteht der Eindruck einer Bewegung. Die gleichmäßige rechteckige Schwarzfläche rechts der Achse kontrastiert mit der unregelmäßigen links. Unterschiede in der Gruppierung und im Grauwert sowie Zeilen- und Buchstabenabstand wirken hierarchiebildend.

Bei den Arbeiten unten wird die Diagonale traditioneller eingesetzt. In beiden Entwürfen werden Zeilen und Textgruppen durch unterschiedliche Grauwerte voneinander abgesetzt. Unten links ist der Text aufgrund seiner Schriftgröße leicht zu lesen. Die rote Linie hebt den Namen der Abteilung und den Titel der Vortragsreihe hervor. Unten rechts ist die Schriftgröße kleiner, und die ganze Komposition ist viel kompakter. Dadurch kontrastieren auch die unterschiedlichen Grauwerte weniger stark. Die Arbeit ist zwar schwerer zu lesen, aber visuell interessanter.

Kieshea Edwards

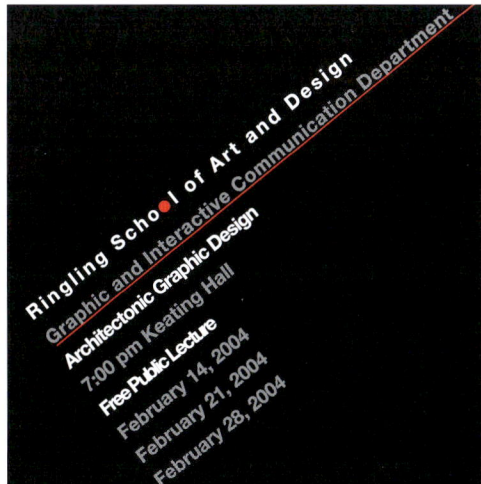

Melissa Pena

Mona Bagla

2. Radialsystem

Design mit einem zentralen Brennpunkt

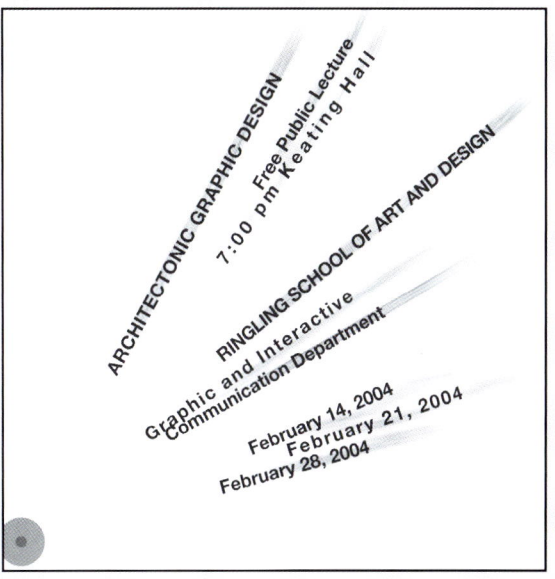

Radialsystem, Einleitung

Im Radialsystem gehen alle Elemente strahlenförmig von einem zentralen Brennpunkt aus. Beispiele dafür sind Blütenblätter, Feuerwerke, Gebäudekuppeln, Sonnenstrahlen, Radspeichen, Seesterne usw. Radialkompositionen sind dynamisch, da der Brennpunkt den Blick auf sich zieht, ob er nun markiert oder nur gedacht ist.

Je nach der Ausrichtung der Textzeilen kann die Lesbarkeit beeinträchtigt sein, da von der traditionellen Horizontalen abgewichen wird. Dabei gibt es eine Reihe von Möglichkeiten – von oben nach unten, von unten nach oben, normal oder auf dem Kopf stehend. Damit die Botschaft funktioniert, sollte der Grafiker es nicht zu weit treiben.

Radialstrukturen sind oft symmetrisch, wie man bei Blumen, Kuppeln und Seesternen sieht. Da die Strahlen sich bei diesen Beispielen kreisförmig ausbreiten, entstehen Formen von hohem visuellen Reiz. Radialkompositionen mit Text hingegen weisen oft Kreissegmente oder mehrere Kreise auf. Dadurch entstehen Asymmetrien, die zwar weniger harmonisch, visuell aber interessanter sind.

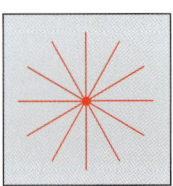

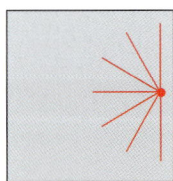

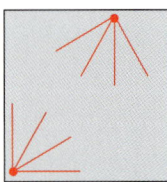

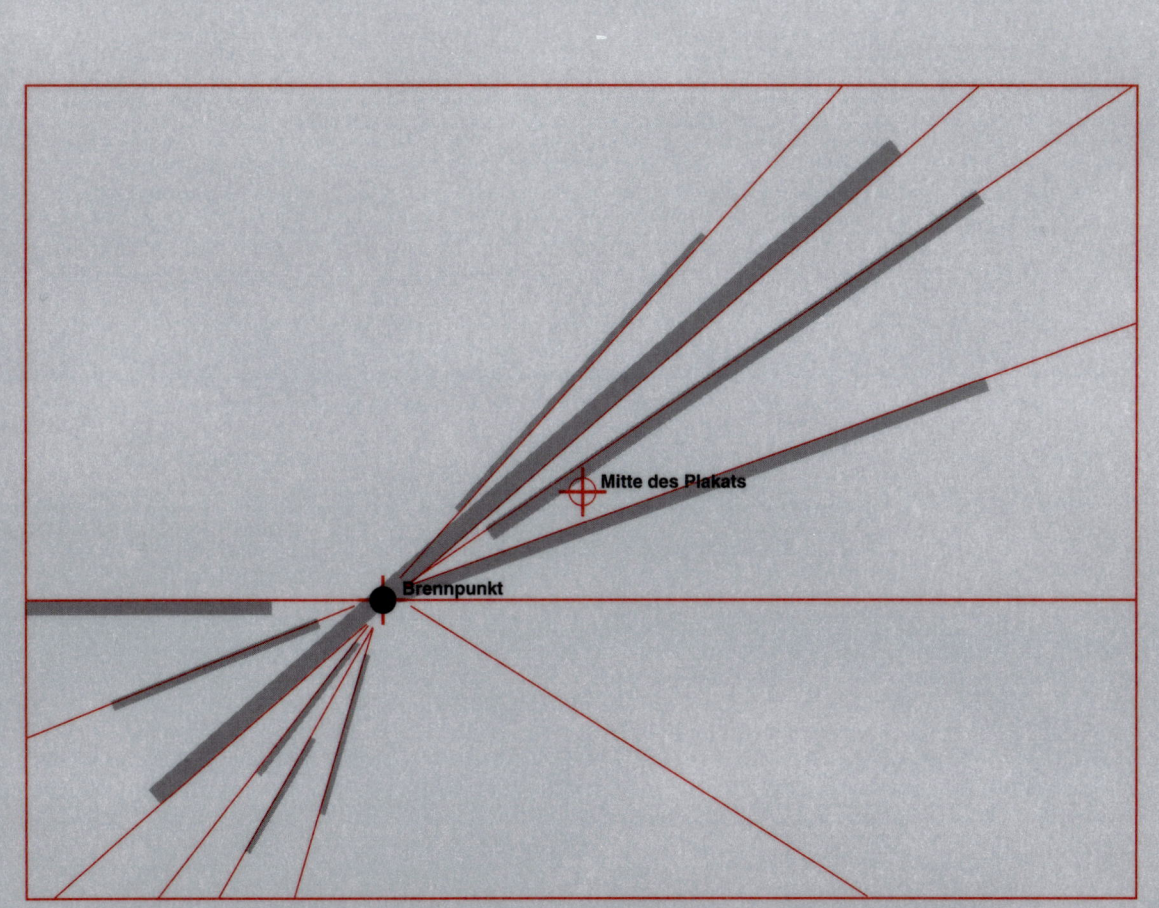

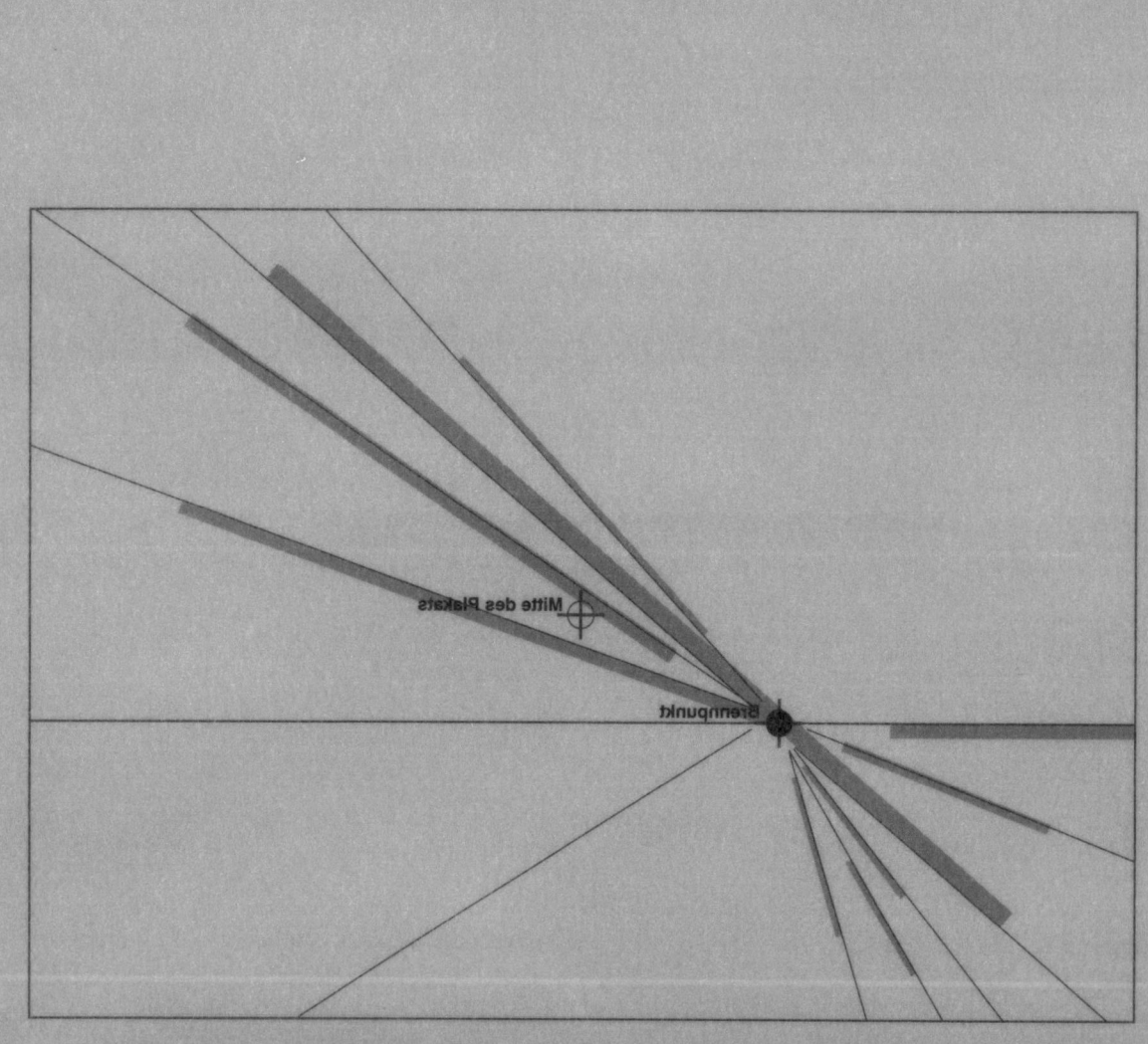

Radialsystem

Das Plakat für The Old Truman Brewery bedient sich des Radialsystems, um die Verwandlung eines Lagerhauses in ein „unglaublich heißes Center für junge Designtalente" zu kommunizieren. Ein zentraler Brennpunkt und eine kräftige horizontale Linie geben dem Text Halt. Die in spitzen Winkeln vom Drehpunkt ausstrahlenden Textzeilen erinnern an ein Windrad, das die Bildcollagen energisch durchschneidet.

Das Radialsystem kommuniziert hier die Dynamik des Projekts: Ein Gebäude wird zur Heimat für junge Designtalente, die in der Stadt ihre Spur hinterlassen werden – symbolisiert durch die Zeilen, die sich erst in einem Punkt bündeln, um sich dann strahlenförmig aufzufächern.

Paul Humphrey and Luke Davies, Insect, 1998

Radialsystem

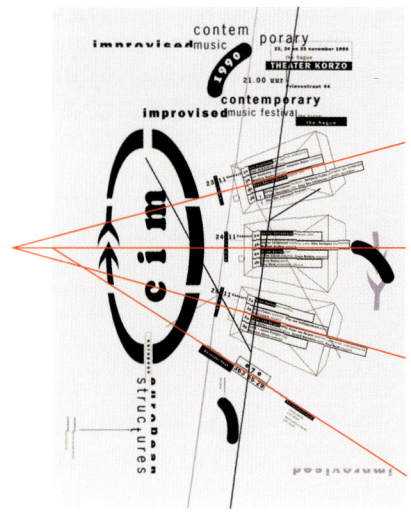

Bring in 'Da Noise, Bring in 'Da Funk ist ein Musical, das den Stepptanz feiert. Die Zeilen sind strahlenförmig um die Sohle eines Steppschuhs angeordnet. Die unregelmäßigen, von Hand geschriebenen Lettern lassen die Komposition informell und spontan wirken. Ebenfalls von Hand gezogene Linien zwischen den Textzeilen und die besonders groß geschriebenen Wörter „noise" und „funk" verstärken den radialen Eindruck.

Paula Scher, Pentagram Design, 1996

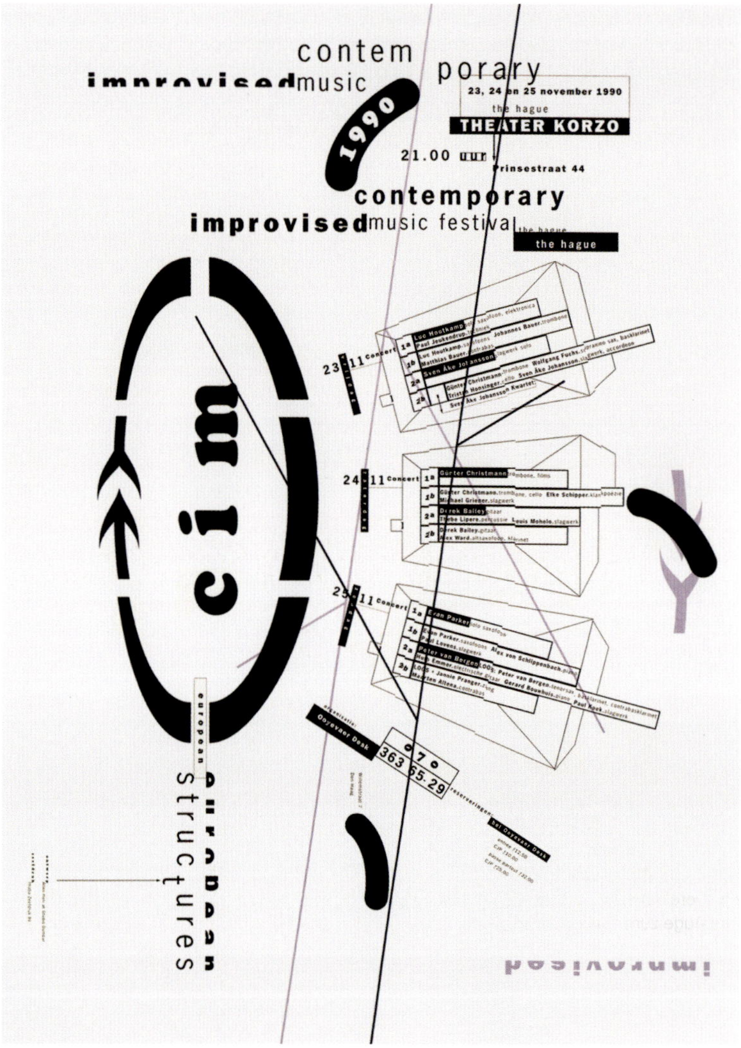

Allen Hori, Studio Dumbar, 1990

Das Plakat für das Contemporary Improvised Music Festival spielt visuell mit Fläche und Raum. Textblöcke sind auf scheinbar dreidimensionalen Formen angelegt, die um eine Ellipse rotieren. Der Text ist nach dem Datum der Aufführung sortiert, und die Namen der auftretenden Künstler werden durch schwarz unterlegte Rechtecke betont.

Radialsystem

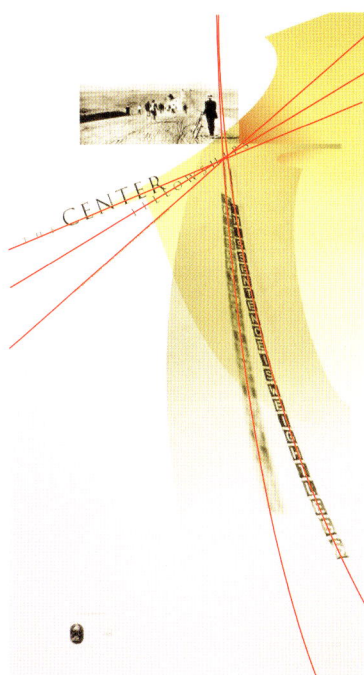

Mühelos erzeugt Rebeca Méndez mit diesem Plakat für Stipendien am Getty Center ein Gefühl von Raum und Bewegung. Eine Sepiafotografie von Radfahrern und Fußgängern, die einem Punkt in der Ferne zustreben, zieht den Blick auf sich. Der Bogen des Textes „This sentence is weightless" (Dieser Satz ist schwerelos) scheint zu schweben und lenkt das Auge zum Brennpunkt.

Rebeca Méndez, 1995

Radialsystem, Miniskizzen

Die gestalterische Herausforderung beim Radialsystem ist zunächst immer die gleiche: Jede einzelne Zeile bildet in erster Linie eine individuelle Einheit, die sich nur auf den Brennpunkt bezieht. Erste Entwürfe mit gleichmäßig verteilten Elementen sehen oft aus wie ein explodierender Stern. Aus den Zeilen wurden noch keine Gruppen gebildet, und die Weißflächen bilden lauter fast gleich große Tortenstücke. Bei der weiteren Bearbeitung wird der Brennpunkt von der Mitte weg zum Rand hin verschoben oder an eine Stelle außerhalb des Blattes verlegt, und die Studenten gehen mit den Weißflächen zusehends sensibler um. Je vertrauter ihnen das Radialsystem wird, desto öfter bilden sie interessante

Anfangsphase
Anfangs beanspruchen die strahlenförmigen Komponenten einen Großteil der Bildfläche, weil jede Zeile als separates Einzelelement gesehen wird.

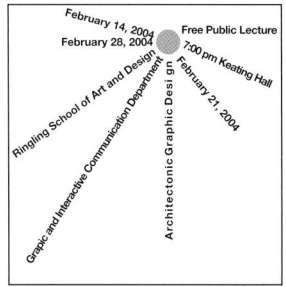
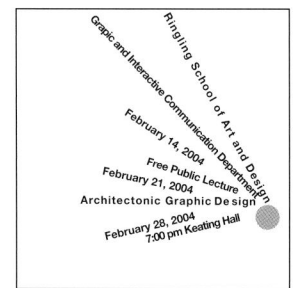

Zwischenphase
Sobald sich der Grafiker im Umgang mit dem Radialsystem sicherer fühlt, wird er mit gekrümmten Zeilen experimentieren, den Abstand zwischen Zeilen variieren, Zeilen zu Gruppen zusammenfassen und den Brennpunkt auch einmal in eine Ecke verlegen.

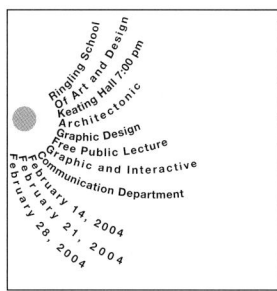

Fortgeschrittene Phase
Mit fortschreitender Vertrautheit mit dem Radialsystem konzentriert sich der Grafiker auf die Gruppierung der Zeilen und deren Hierarchisierung. Ein Brennpunkt außerhalb des Blattes kann zum Mittelpunkt eines gedachten großen Kreises werden, an dessen Bogen die Textzeilen auf dem Blatt ausgerichtet sind. Ungewöhnlich und formstreng wirken im rechten Winkel zueinander angeordnete Zeilengruppen. Wenn der Brennpunkt weit außerhalb des Blattes liegt, entstehen zwischen den Zeilen sehr spitze Winkel.

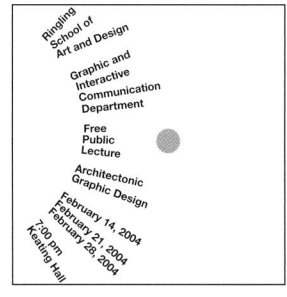
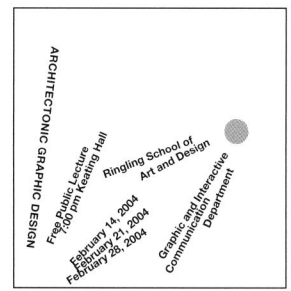

Radialsystem, Miniskizzen

Zeilengruppen, vereinfachen die Komposition und verdichten die Textur. Radialkompositionen sind visuell aktiv und dynamisch, weil Diagonalen bei ihnen naturgemäß eine große Rolle spielen. Sie sind aber schwer zu lesen und daher vor allem für visuelle Botschaften mit wenig Text geeignet.

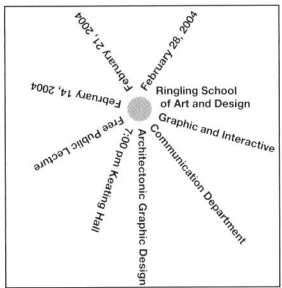 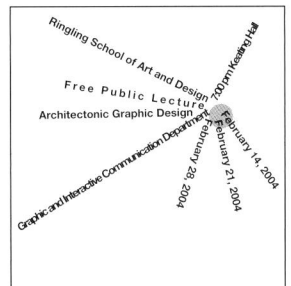 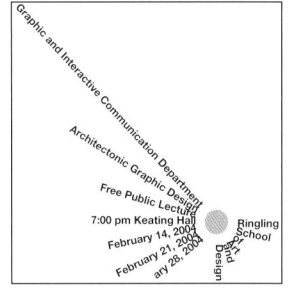

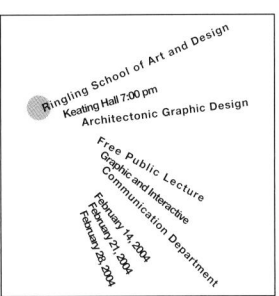 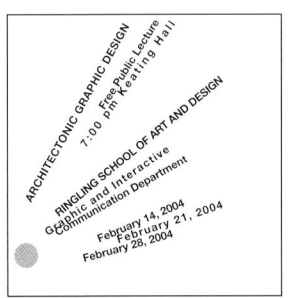 

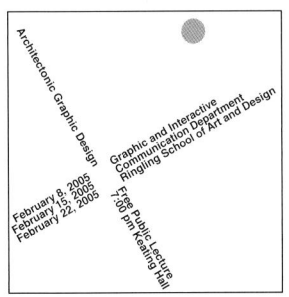 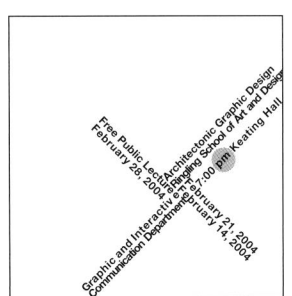 

Radialsystem

Betonungsstrategien
Typografisch ist die Komposition bei allen drei Arbeiten auf dieser Seite identisch. Radial rotierende Zeilen und Zeilengruppen sind durch Weißflächen getrennt. Die Unterschiede beruhen auf Varianten bei Farbe, Grauwert und Kreis. Die Farbe Rot wird sparsam zur Betonung eingesetzt. Der Kreis fungiert rechts als verbindendes Element, unten links dient er der Betonung, und unten rechts ist er nur angedacht.

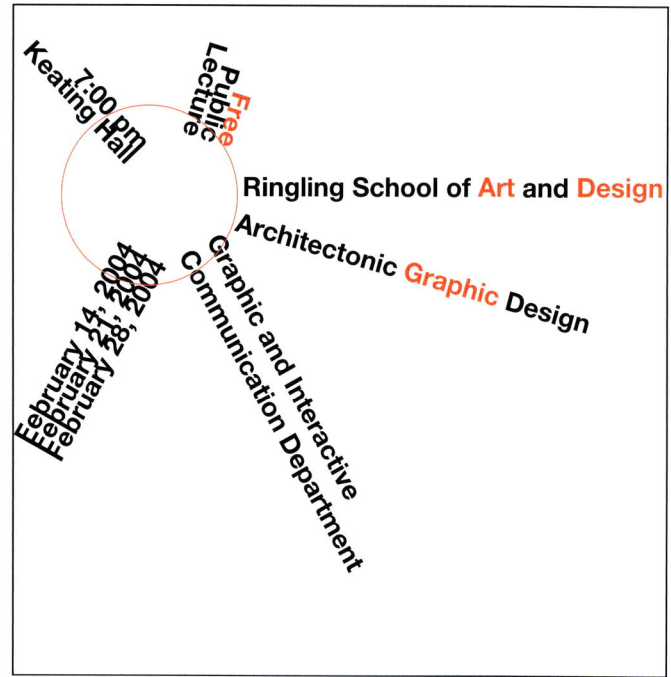

Andrea Cannistra

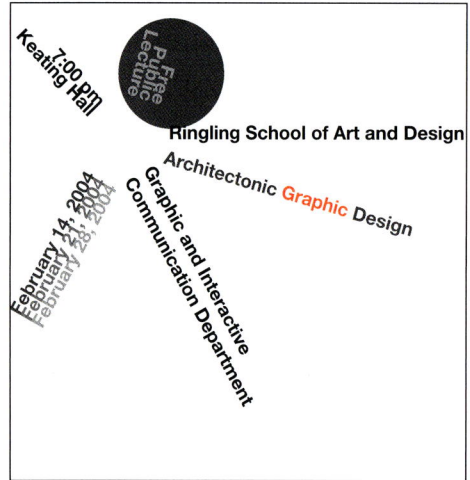

Andrea Cannistra

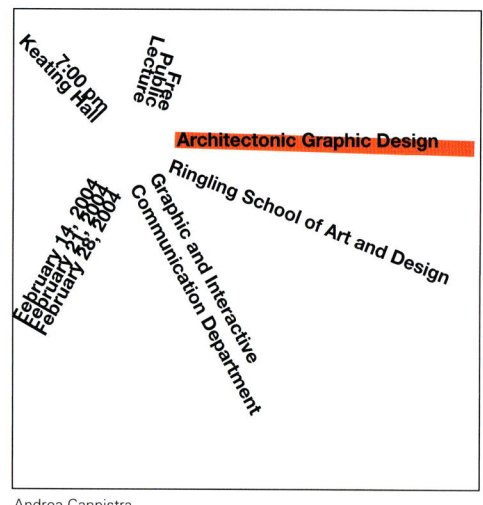

Andrea Cannistra

Radialsystem

Gruppierungsstrategien

Beim Radialsystem ist es schwierig, eine eindeutige Hierarchie zu schaffen, weil es nahe liegt, die Zeilen einzeln vom Brennpunkt ausstrahlen zu lassen. Bei den Entwürfen auf dieser Seite ist dies zunächst auch der Fall, doch dann werden ganz bewusst Grauwert, Farbe und grafische Elemente eingesetzt, um eine Hierarchie zu schaffen und den Blick des Betrachters zu lenken. Drei Strategien kommen dabei zum Einsatz: Rechts dominiert ein grafisches Element – die schwarze Keilfläche – als Hintergrund für zwei Textzeilen. Diese werden als erstes gelesen (1), dann der rote Text (2), dann die Uhrzeit (3), und schließlich der graue Text (4). Unten links laufen mehrere Rechtecke zu einer Form zusammen und bilden Textgruppen. Unten rechts sorgen Farbe und Grauwertvarianten für die Gruppenbildung.

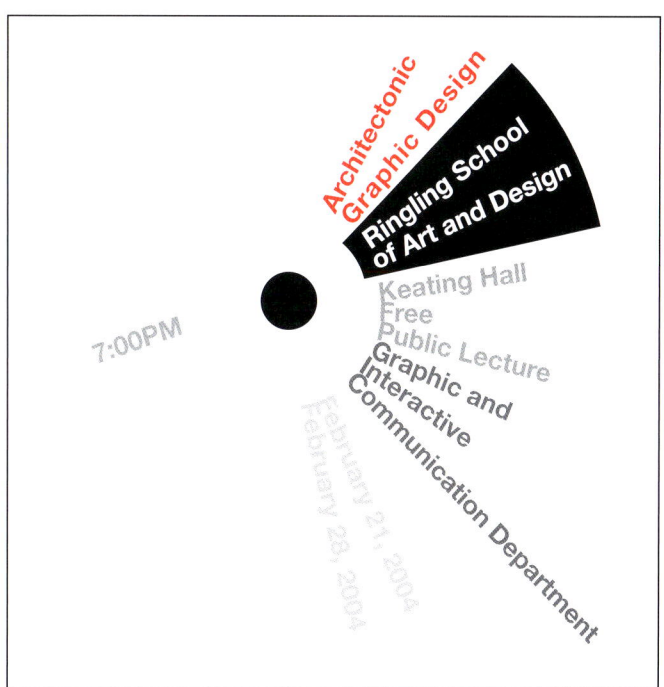

Chean Wei Law

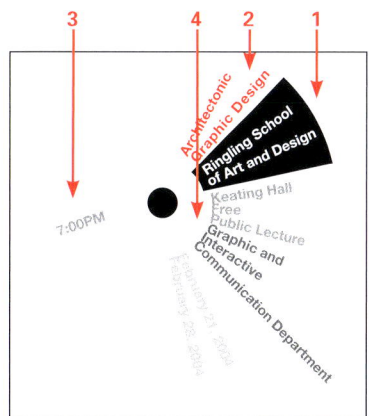

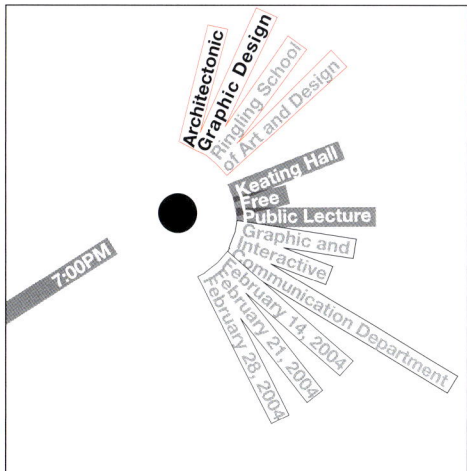

Chean Wei Law

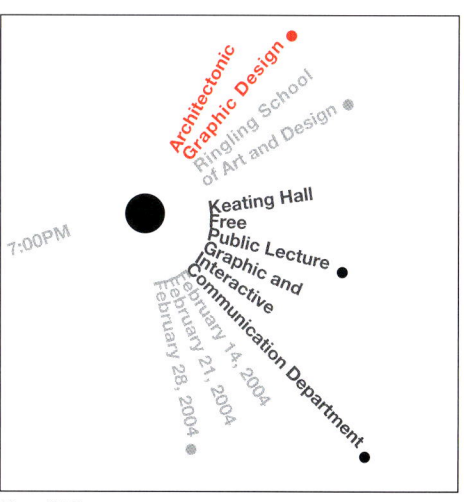

Chean Wei Law

Radialsystem

Balken und Hierarchie
Bei diesen Arbeiten wurden unterschiedliche Grauwerte und grafische Elemente gekonnt eingesetzt. Bei dem größeren Entwurf rechts lenken schwarze Balken den Blick des Betrachters zu den wichtigsten Zeilen. Visuell interessant sind auch die angeschnittenen weißen Großbuchstaben, die über die schwarzen Balken hinausgehen, und die rot gesetzten Wörter. Bei dem kleinen Entwurf auf grauem Grund links unten wird die Hierarchie durch Veränderung des Grauwerts und den Unterschied zwischen Majuskeln und normalen Groß- und Kleinbuchstaben erzeugt, doch das Ergebnis ist unruhig und verwirrend. Der dritte Entwurf unten rechts bedient sich einer noch einfacheren Strategie: Die hellgraue Fläche hebt den Titel der Vortragsreihe hervor und teilt das Blatt in drei Flächen.

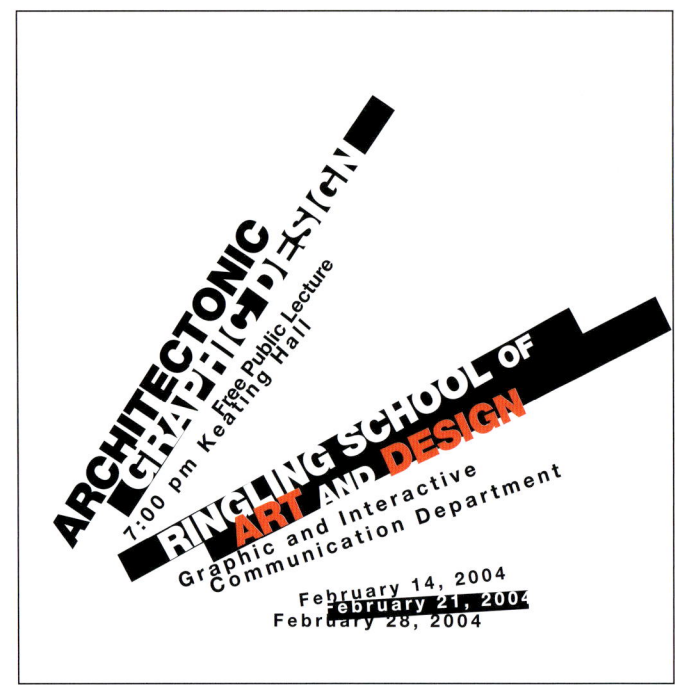

Jeremy Cox

Jeremy Cox

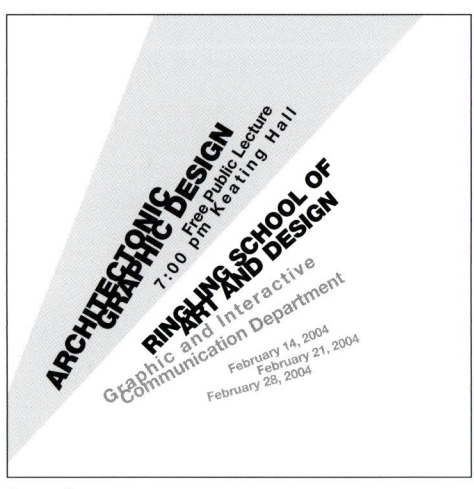

Jeremy Cox

Radialsystem

Transparente radiale Ebenen

Verblüffende Ergebnisse erzielt man, wenn man Textzeilen transparenten rechteckigen Ebenen zuordnet, die um einen Brennpunkt rotieren. Die sich überschneidenden Ebenen intensivieren die radiale Drehbewegung – nicht zum Brennpunkt hin, sondern um diesen herum – und lassen weitere Formen entstehen. In dem Entwurf rechts werden die randabfallend an den Rechtecken hängenden Zeilen gleichzeitig selbst Teil des Hintergrunds. Die Transparenz wirkt sich sowohl auf die typografischen als auch auf die flächigen Elemente aus. Bei dem Entwurf unten ist die Bewegung noch stärker, weil das wiederholte Element der kreisenden Ecken den Blick nach unten führt und die Grauwerte im Uhrzeigersinn zunehmend heller werden.

Willie Diaz

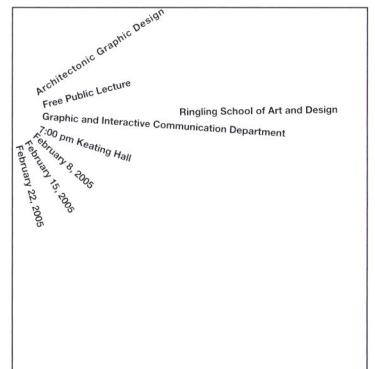

Studie mit einer einzigen Schriftgröße und Strichstärke für die Kompositionen rechts

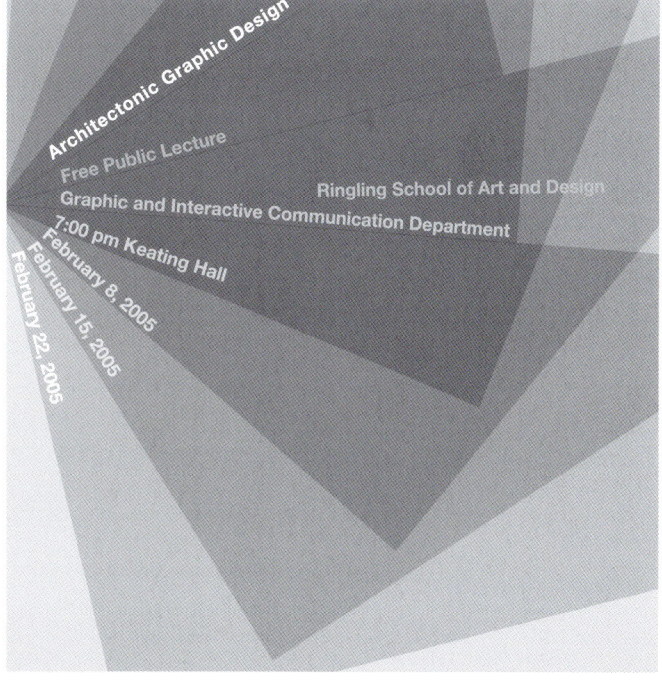

Radialsystem

Einschließung

Eine Radialkomposition lässt sich durch die Verwendung einer geschlossenen Form vereinfachen. Bei dem Entwurf rechts schließt das ins Bild eindringende weiße Rechteck den Titel ein und unterteilt den Hintergrund auf unerwartete Weise. Bei dem Layout unten teilen die feinen geraden und gebogenen Linien die Fläche und bilden zwei Textgruppen, von denen die größere durch eine gestrichelte Linie nochmals unterteilt ist, so dass ein nachgeordnetes Segment entsteht, das den Titel der Vortragsreihe hervorhebt.

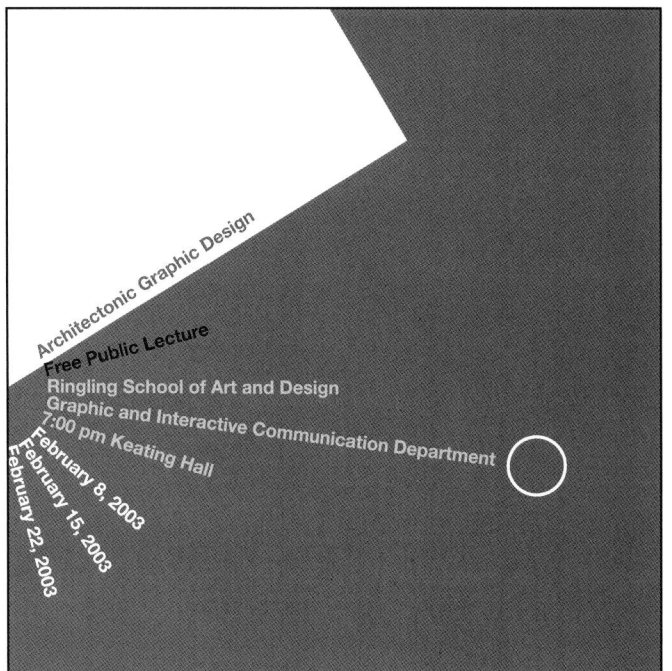

Casey Diehl

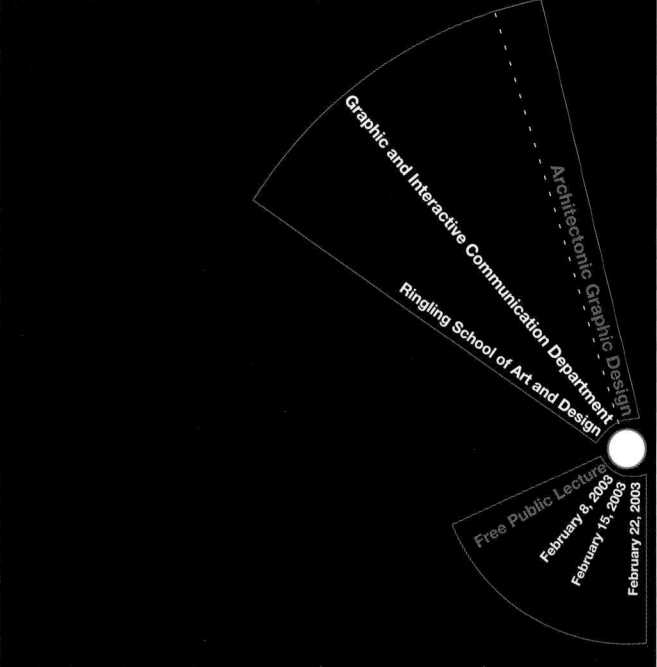

Ian Hoene

Radialsystem

Ausrichtung an einem Kreisbogen

Bei diesen sehr klaren Kompositionen strahlen die gefächerten Textzeilen von einem gedachten Kreisbogen aus. Unterschiedliche Grauwerte, die gleichmäßige Anordnung in klar definierten Gruppen und der weitgehende Verzicht auf grafische Elemente erhöhen die Lesbarkeit. Rechts sind die Zeilengruppen auch durch starke Kontraste im Grauwert definiert, und das Rot hebt den Vortragstitel hierarchisch heraus, während unten der gegenläufige Bogen mit dem Vortragstitel für Abwechslung sorgt und gleichzeitig bewirkt, dass man diese Zeile zuerst liest.

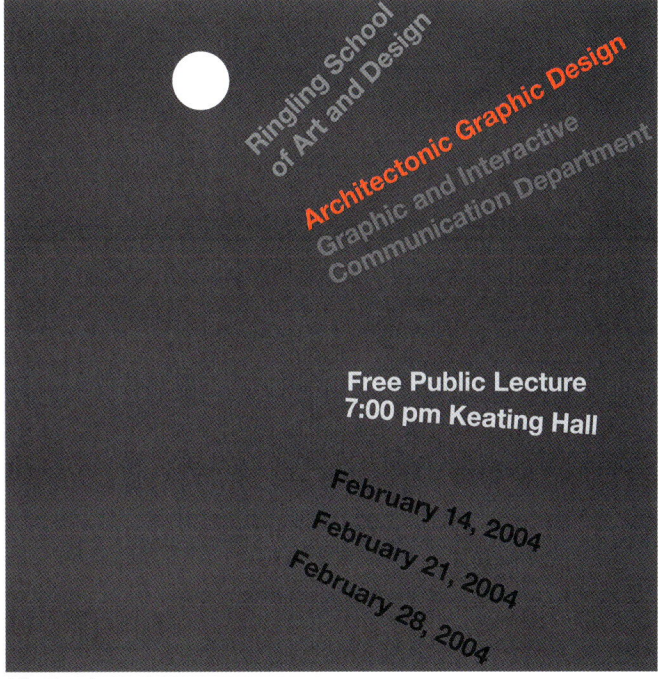

Mike Plymale

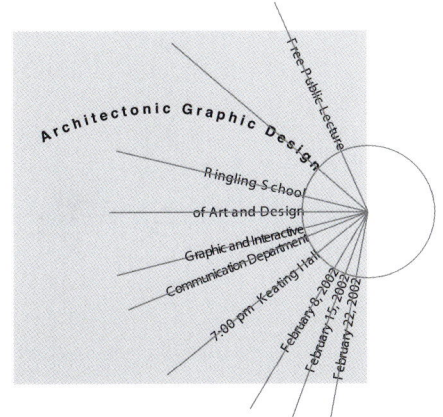

Strukturstudie mit einer einzigen Schriftgröße und Strichstärke für die Komposition rechts unten

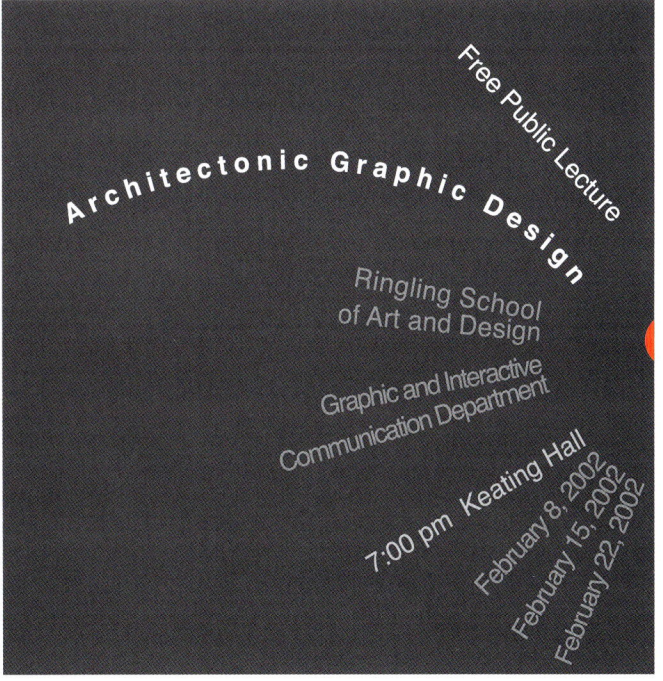

Chris Valantasis

Radialsystem

Rechte und stumpfe Winkel

Bei den Arbeiten auf dieser Doppelseite stehen die Zeilen im rechten (90º) oder stumpfen (91–135º) Winkel zueinander. Der Text ist zudem zu Gruppen zusammengefasst, sodass diese Entwürfe klar und streng wirken – im Gegensatz zu den meisten Radialkompositionen. Die Beziehungen zwischen den Zeilen sind formeller und zielgerichteter, was oft auch die Lesbarkeit der Botschaft erhöht. Ansprechend ist auch die klare Gliederung der Leerflächen in Rechtecke bzw. Dreiecke.

Im Brennpunkt der rechtwinkligen Komposition rechts steht das Quadrat. Der Text ist in vier Gruppen aufgeteilt, die jeweils an einer Seite dieses Quadrats ausgerichtet sind. Die weiß im Hintergrund wiederholten Textzeilen schaffen eine Textur, und die verschiedenen Strichstärken und die rote Akzentuierung betonen die wichtigsten Elemente der Botschaft. Das Layout unten rechts gliedert den Hintergrund durch zwei stumpfe Winkel von 135º. Die wichtigste Textgruppe wird durch schwarze Hinterlegung betont.

José Rodriguez

Vorstudie für die Komposition rechts unten

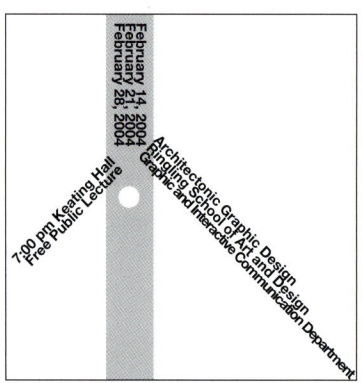

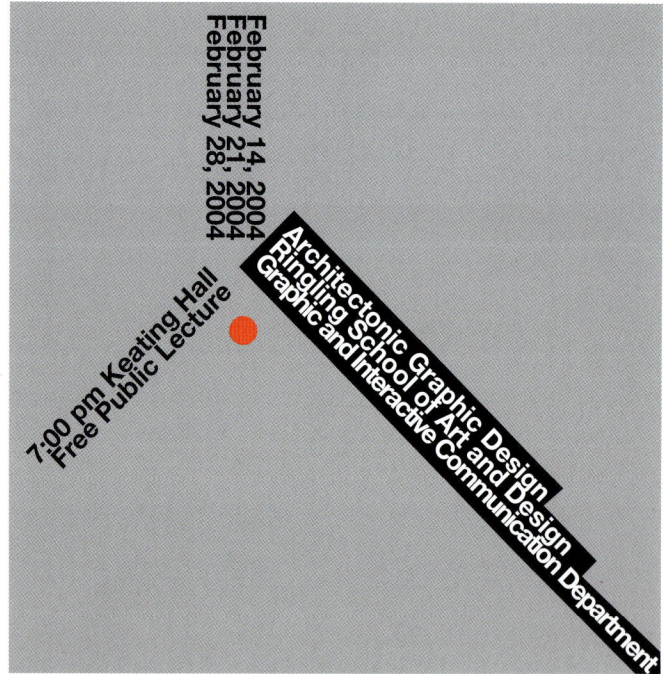

Forrest Moulton

Radialsystem

Rechte Winkel

Durch verschiedene Grauwerte kann man Flächen auf einem Blatt klar voneinander abgrenzen. Bei dem Entwurf rechts steht der graue Text im schwarzen Feld randabfallend an dem grauen Feld, und umgekehrt steht der schwarze Text randabfallend am schwarzen Feld. Die Positionierung des Textes wird dadurch stabilisiert. Die visuell herausstechende einzelne weiße Zeile scheint dynamisch in die Fläche einzudringen. Dieser Eindruck wird durch die schwarze Linie noch verstärkt.

Überzeugend einfach ist die Komposition unten links. Drei Textgruppen sind rechtwinklig zueinander um den schwarzen Kreis angeordnet und deuten ein weißes Quadrat um den Kreis an. Die horizontalen Zeilen unterteilen den Hintergrund in zwei Rechtecke mit angenehmen Proportionen.

Bei dem Entwurf rechts unten handelt es sich um eine komplexe Komposition mit zwei Diagonalen und vier Dreiecken. Gesteigert wird die Vielschichtigkeit des Layouts durch die Fortsetzung des dunkelgrauen Dreiecks in den zwei dunkelgrauen Balken, welche die drei anderen Dreiecke definieren. Spannung entsteht durch das Zusammenlaufen aller Textgruppen am Brennpunkt.

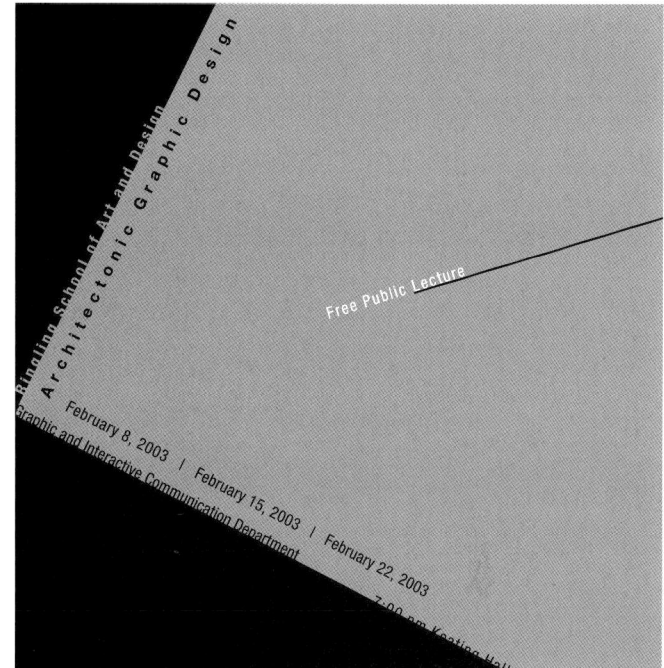

Loni Diep

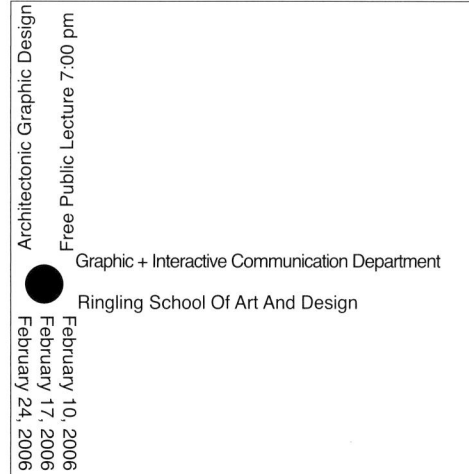

Elizabeth van Kleef

Nathan Russell Hardy

Radialsystem

Spirale

Text spiralförmig anzuordnen ist zwar eine interessante Idee, aber problematisch in der Ausführung, da die Zeilen dabei im Verlauf der Krümmung bald auf dem Kopf stehen. Hier hat die Grafikerin die Spirale durch geschickte Wahl der Zeilenlängen visuell herausgearbeitet. Die beiden wichtigsten Zeilen der Botschaft, „Architectonic Graphic Design" und „Free Public Lecture", sind so platziert, dass sie bequem zu lesen sind.

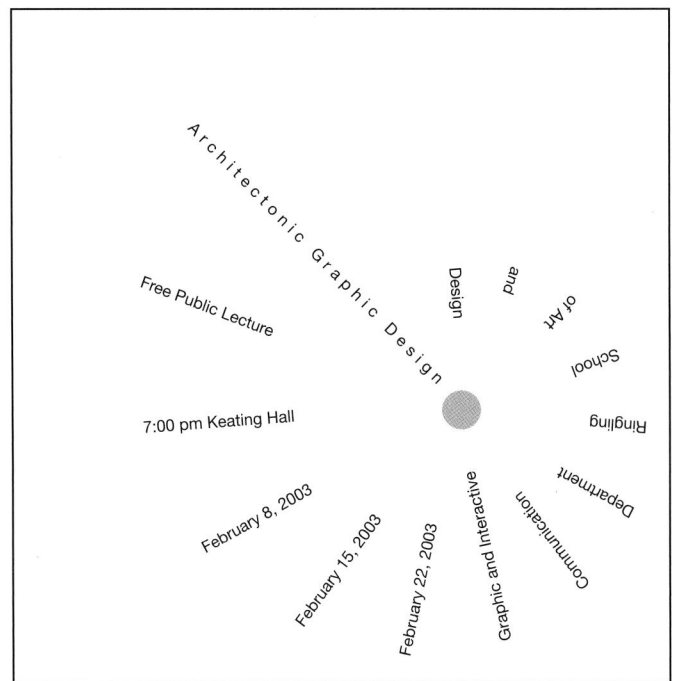

Loni Diep

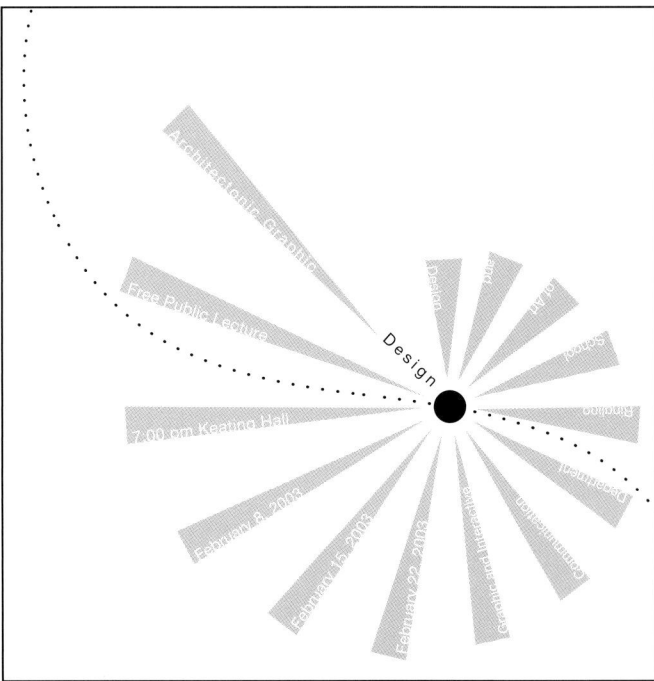

Radialsystem

Vergrößerter Kreis

In der Komposition rechts laufen Textzeilen von einem nicht markierten Mittelpunkt eines visuell dominanten großen Kreises zu dessen Rand. Durch den Einsatz von Majuskeln und verschiedenen Schriftgrößen entsteht eine Hierarchie. In der Komposition unten bildet der graue Kreis den Hintergrund für schwarze Textzeilen. Der Brennpunkt, von dem die gefächerten Zeilen ausgehen, liegt außerhalb des Blattes. Das Wort „Design" befindet sich außerhalb des grauen Kreises und sticht weiß auf schwarz heraus.

Gray West

Rebekah Wilkins

3. Kreissystem

Design entlang eines kreisförmigen Pfades

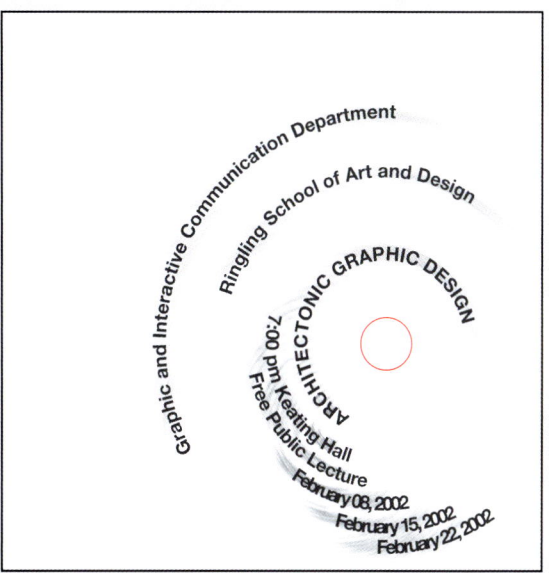

Kreissystem, Einleitung

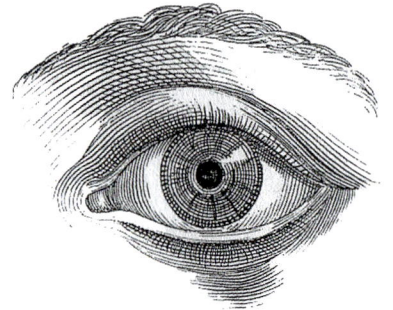

In einem Kreissystem sind immer größere Kreise um einen zentralen Punkt angeordnet. Beispiele für dieses System sind die Iris, Schallwellen und die Wellen, die entstehen, wenn man einen Stein ins Wasser wirft. Ähnlich wie beim Radialsystem wirken solche Kompositionen dynamisch, weil der Blick dem Kreisbogen folgt oder zum Brennpunkt in der Mitte gelenkt wird.

Die einfachste Form des Kreissystems besteht aus konzentrischen Kreisen, die sich in regelmäßigen oder rhythmisch zunehmenden Abständen vom Mittelpunkt ausbreiten. Variationen des Systems sind tangentiale, nicht-konzentrische und multiple Kreisbewegungen.

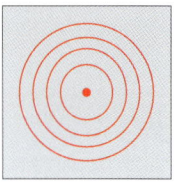

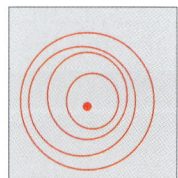

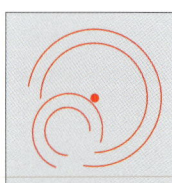

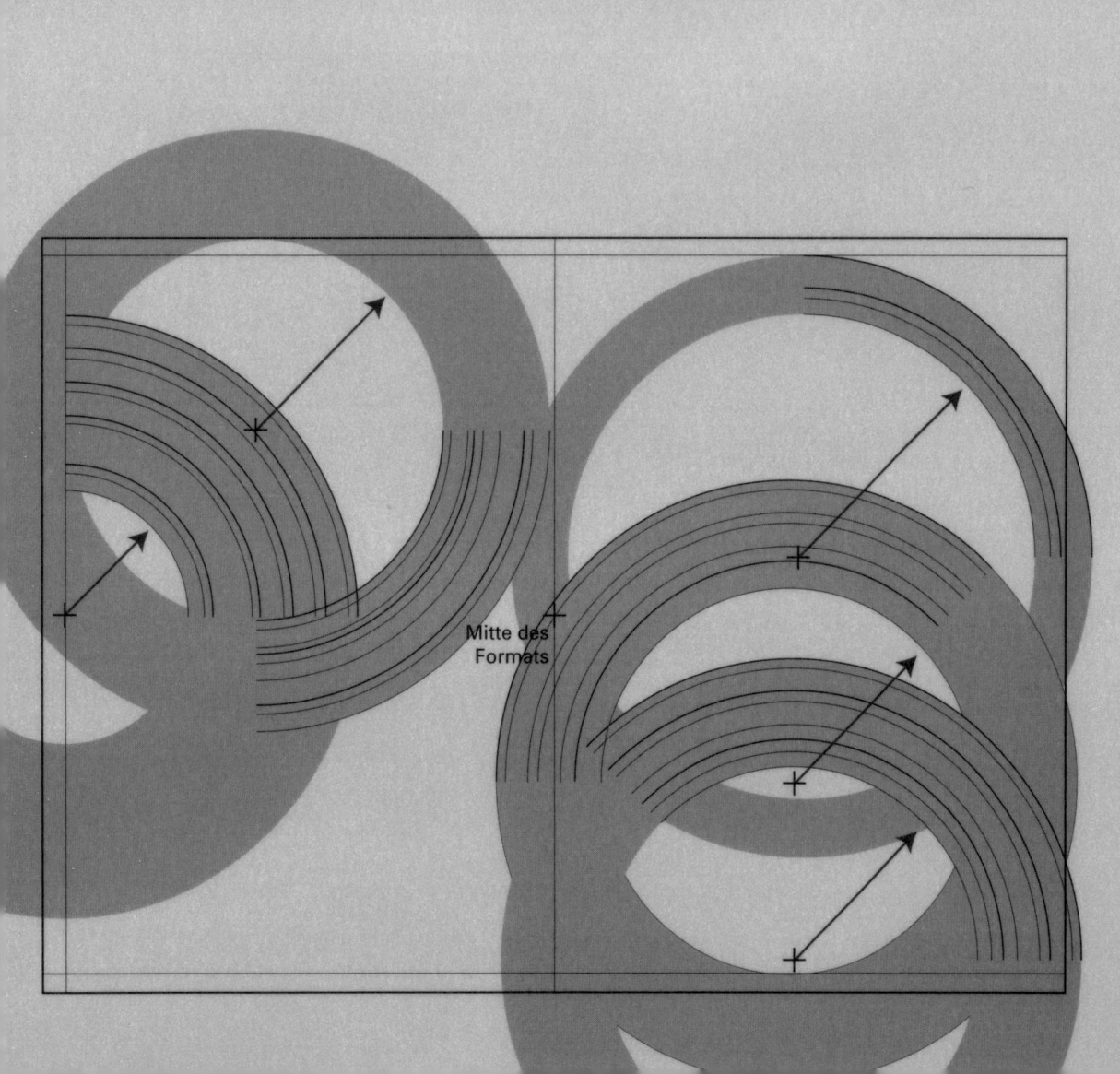

Kreissystem

Möglicherweise ließen Bernard Stein und Nicolaus Ott sich von der Bewegung von Schallwellen bei der Gestaltung dieser Programmhefte für ein Festival zeitgenössischer experimenteller Musik inspirieren. Die Programmhefte der Reihe „Inventionen" wurden in Zusammenarbeit mit der Berliner Kunstakademie gestaltet; geboten wurden auf dem Festival neben elektronischer und computergenerierter Musik auch Werke, die Töne, Licht und Bewegung miteinander verbanden. Die Reihe lief von 1982 bis 1990, und bei sechs der neun Programmhefte wählten die Designer für die visuelle Sprache des Umschlags eine kreisförmige Struktur.

Alle Entwürfe dienten sowohl als Umschlag für das jeweilige Programmheft als auch als Plakat. Die Grafiker begnügten sich mit Zweifarbdruck auf weißem Papier, zwei Schriftgrößen und drei Strichstärken. Mit diesen äußerst sparsamen Mitteln entwickelten sie das in der folgenden Tabelle beschriebene überzeugende hierarchische System.

Hierarchische Reihenfolge

Text	Schrift	Strichstärke	Farbe	Groß- und Kleinbuchstaben
Titel 1, Monat, Tag:	groß	fett	weiß	Majuskeln
Wochentag, Ort, Jahr:	klein	mager	weiß	gemischt
Titel 2, Nachnahmen:	groß	fett	schwarz	Majuskeln
Vornamen, Komposition:	klein	mager	schwarz	gemischt
Veranstalter, Karteninfo:	klein	halbfett	schwarz	gemischt

Bernard Stein und Nicolaus Ott, 1982

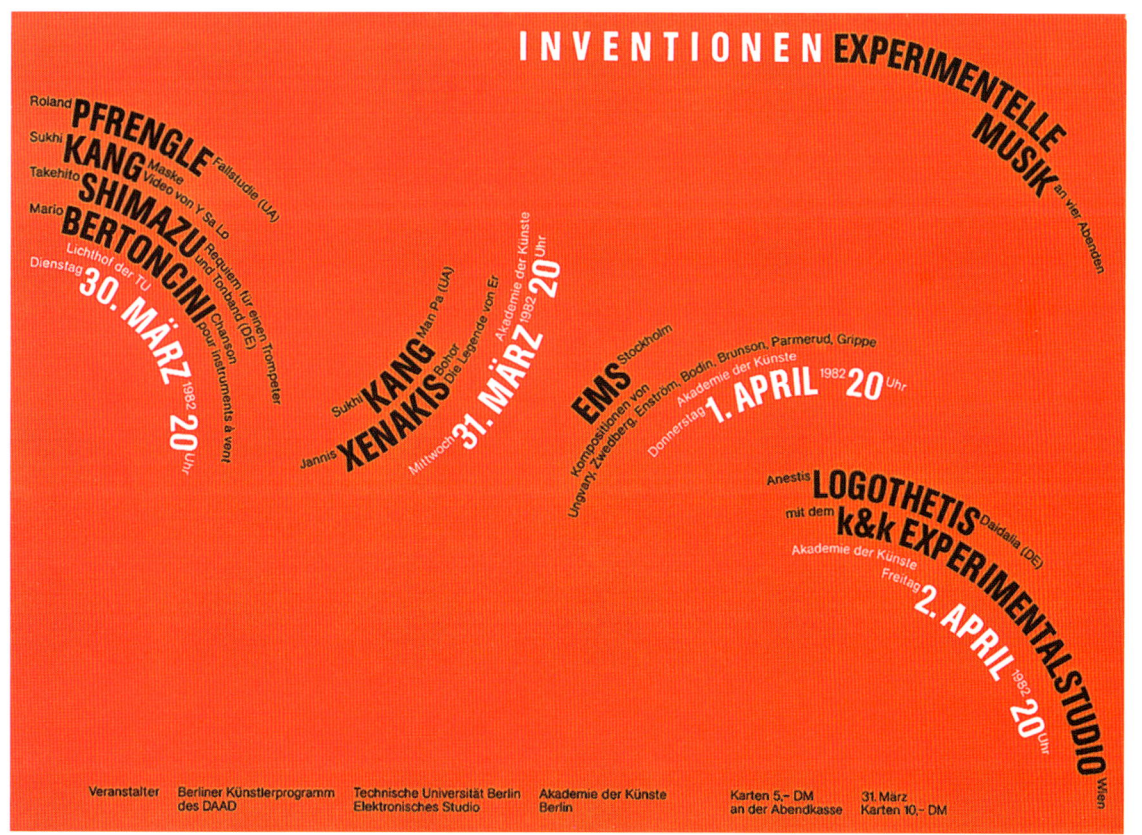

Kreissystem

Im Plakat/Umschlag für „Inventionen '84" fließt der Text beschwingt in aneinander anschließenden konzentrischen Kreisen über die Rückseite des Umschlags und weiter über den Falz auf die Vorderseite. Die Anordnung der Zeilen in Gruppen auf den annähernd gleich großen Kreisen folgt einer Kreisstruktur. In jeder Gruppe ist das hierarchische System streng eingehalten. Der Nachname jedes Künstlers erscheint fett in Majuskeln in schwarzer Schrift, der Vorname und untergeordnete zusätzliche Informationen in kleinerer magerer schwarzer Schrift, wobei diese Texte an der Oberkante der Majuskeln ausgerichtet sind. Datum und Uhrzeit der Aufführung erscheinen fett in Majuskeln in weißer Schrift, wobei auch hier die Zusatzinformation in kleinerer magerer weißer Schrift gesetzt ist. Durch die systematische Verwendung der dynamischen Kreisstruktur und einer regelmäßigen Hierarchie entsteht eine höchst funktionale und schöne Komposition.

Bei dem Plakat/Umschlag für „Inventionen '96" (gegenüberliegende Seite oben) haben wir es mit vier gleich großen Kreisen zu tun, die um einen gemeinsamen Schnittpunkt rotieren. Die Hierarchie ist gegenüber den früheren Arbeiten vereinfacht: Vor- und Nachnamen der Künstler erscheinen weiß in Kleinbuchstaben, alle Daten in schwarz. Jede Gruppe umfasst drei Zeilen auf konzentrischen Kreisen, wobei der innerste Kreis leicht versetzt ist – was den Eindruck dynamischer Bewegung noch intensiviert.

Die Kreisbogengruppen auf dem Plakat/Umschlag für „Inventionen '83" (gegenüberliegende Seite unten) drängen stark nach rechts. Die Gruppierungen unterscheiden sich zwar in der Zahl der Textzeilen, ähneln sich aber auch, wie man an den dunklen und hellen grauen Bogen auf dem transparenten Blatt sehen kann. Die Hierarchie ist ähnlich wie bei den früheren Arbeiten: Nachnamen erscheinen schwarz in Majuskeln, Vornamen und Werktitel in Groß- und Kleinschrift in kleiner schwarzer Schrift, Wochentage in großen weißen Majuskeln und Monate in Groß- und Kleinschrift in kleiner weißer Schrift.

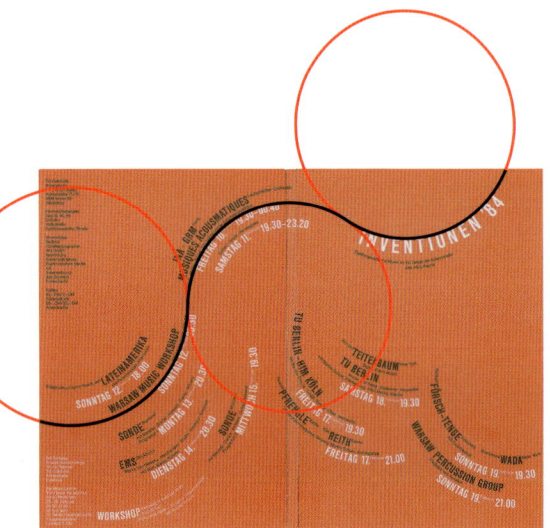

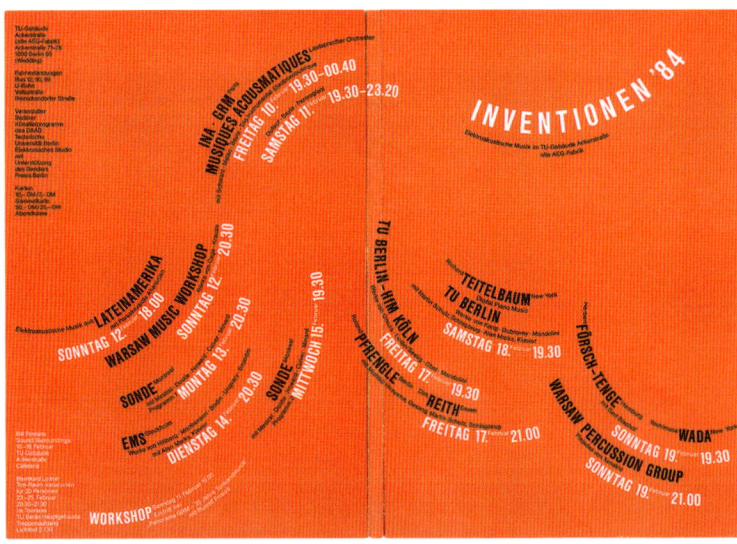

Bernard Stein und Nicolaus Ott, 1984

Struktur (rechts)
Die Kreise rotieren um einen gemeinsamen Schnittpunkt

Struktur (unten)
Die Bewegung der Kreisbogen tendiert zur Konvergenz. Der Bogen oben links ist anders gekrümmt, weil es zwischen den Programmen am 5. und am 7. Februar eine Lücke von einem Abend gibt.

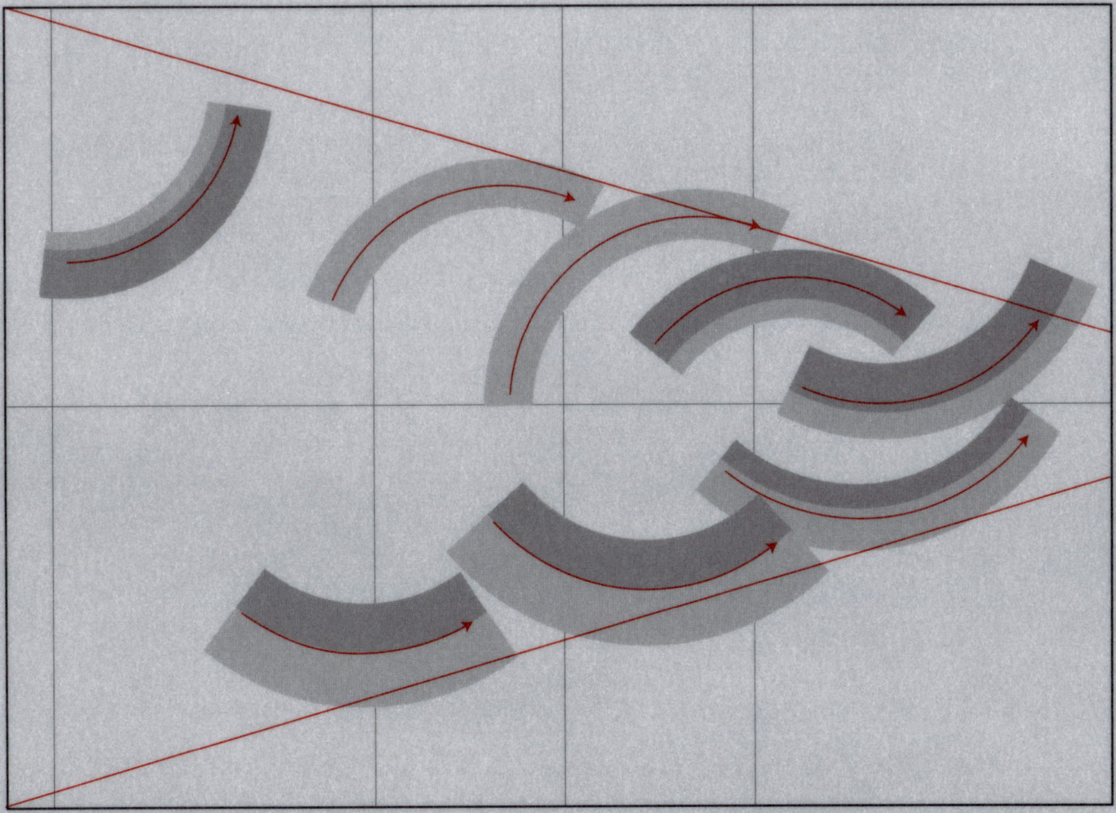

Struktur (rechts)
Die Kreise rotieren um einen gemeinsamen Schnittpunkt

Struktur (unten)
Die Bewegung der Kreisbogen tendiert zur Konvergenz. Der Bogen oben links ist anders gekrümmt, weil es zwischen den Programmen am 5. und am 7. Februar eine Lücke von einem Abend gibt.

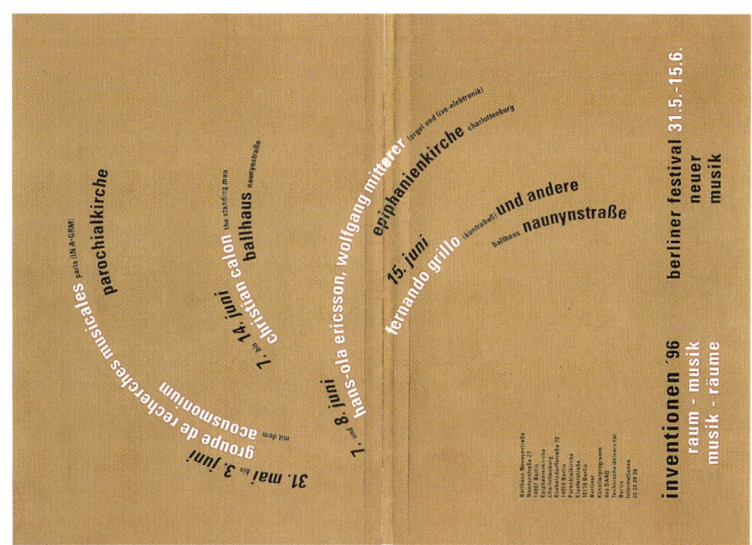

Bernard Stein und Nicolaus Ott, 1996

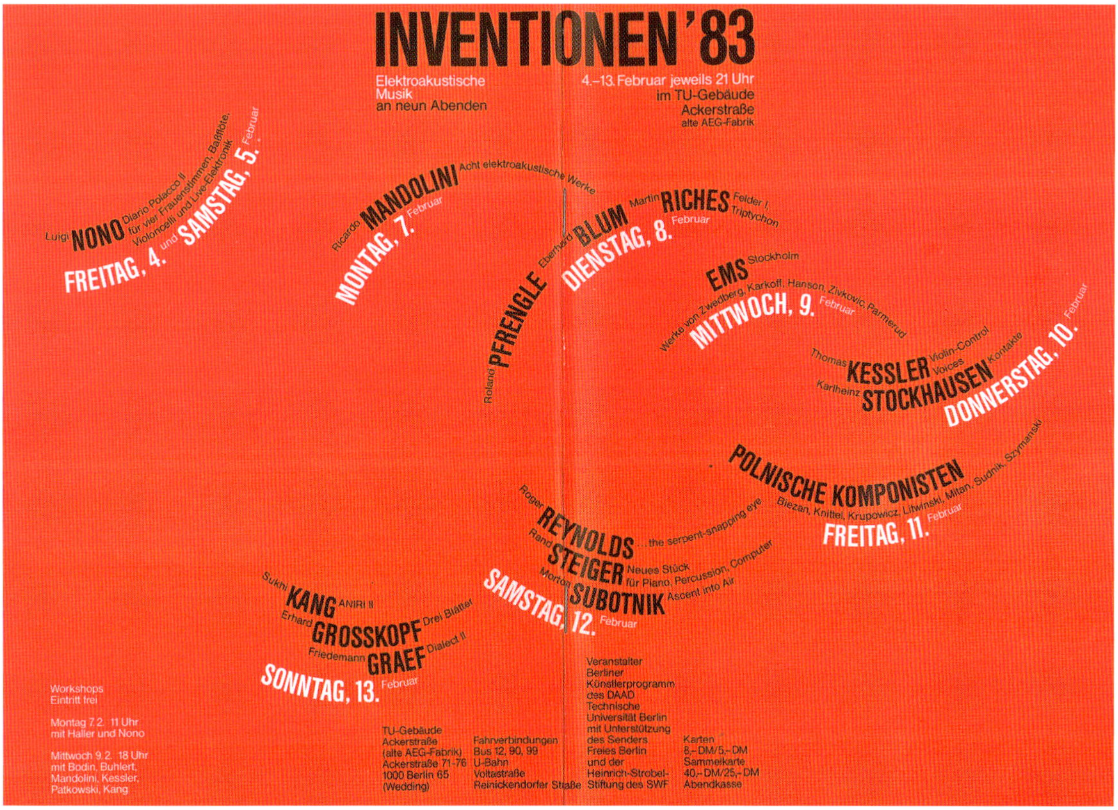

Bernard Stein und Nicolaus Ott, 1983

Kreissystem, Miniskizzen

Bei Entwürfen im Kreissystem können sogar kurze visuelle Botschaften zu Problemen mit der Lesbarkeit führen. Aus didaktischen Gründen umfasst unsere Botschaft nur acht Zeilen. Doch im Kreissystem kann man Zeilen ganz leicht auf den Kopf stellen oder Text so platzieren, dass das Lesen schwierig wird. Dieser Tatsache sollte sich der Grafiker während der Arbeit am Layout stets bewusst sein.

Das Auge sucht den Punkt, von dem die Kreisbewegung ausgeht, und so entsteht der Eindruck dynamischer Kräfte. Da zur Ausbreitung nach außen auch noch die gedachte Drehung um einen Mittelpunkt hinzukommt, haben wir es mit einer doppelten Dynamik zu tun. Kreiskompositionen können schnell kompliziert werden; es empfiehlt sich deshalb, Zeilen in Gruppen zusammenzufassen, um die Botschaft zu vereinfachen und die visuellen Kräfte zu konsolidieren.

Anfangsphase
Zu Beginn der Beschäftigung mit dem Kreissystem sollte man sich mit den ungewohnten Positionen der Texte auf Kreisbahnen vertraut machen und mit ungewöhnlichen Anordnungen, Texturen und Flächen experimentieren.

Zwischenphase
Wenn die Studenten mit dem System einigermaßen vertraut sind, sollten sie einzelne Zeilen zu Gruppen zusammenfassen und sich auf die Organisation dieser Gruppen konzentrieren.

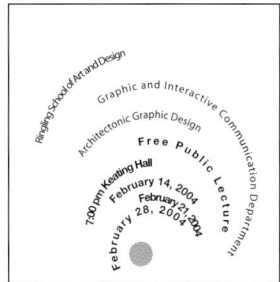
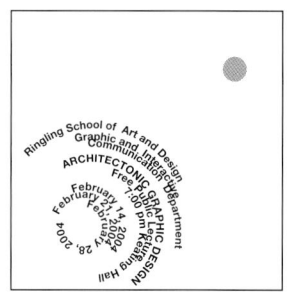

Fortgeschrittene Phase
Mit zunehmender Erfahrung gelingen den Studenten immer bessere Entwürfe. Jetzt gehen sie gezielt daran, aus Zeilen Gruppen zu bilden, Flächen anzuordnen und die verschiedenen Elemente so auszurichten, dass der Entwurf geordneter und einfacher wirkt. Multiple Kreisbewegungen und die Beziehungen zwischen den Textgruppen werden experimentell untersucht.

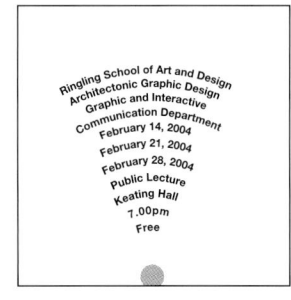
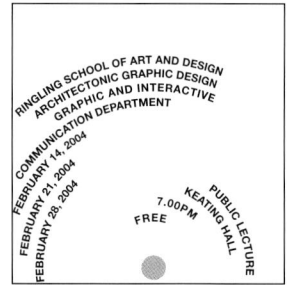

Kreissystem, Miniskizzen

Besonders gut sind Kompositionen im Kreissystem dann zu lesen, wenn der Text geordnet wirkt. Das Layout lässt sich durch die Gruppierung von Textbogen vereinfachen. Ordnung entsteht, wenn man Zeilen und Gruppen an einer oder mehreren Binnenachsen ausrichtet. Wenn man eine treppenartig gestufte Anordnung wählt, kann man Rhythmus und Wiederholung zur Blickführung einsetzen.

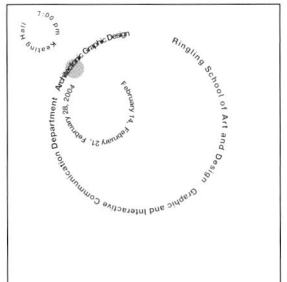
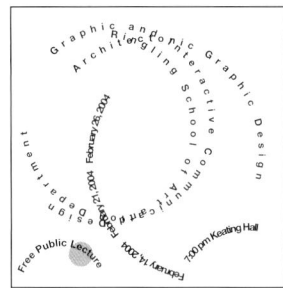
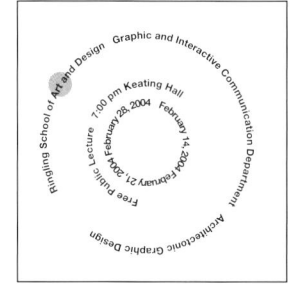

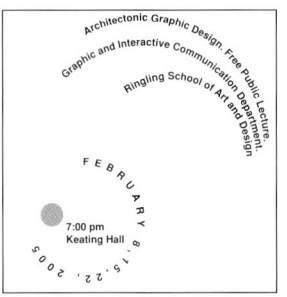
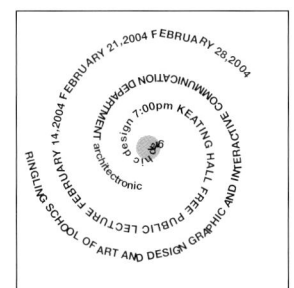
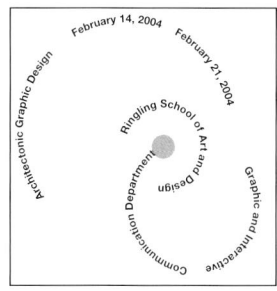

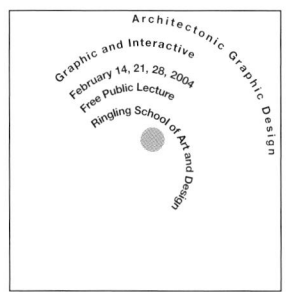
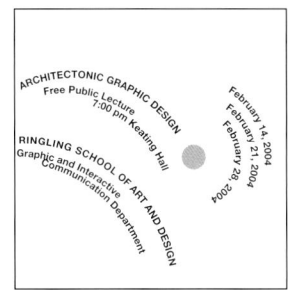

Kreissystem

Struktur

Kompositionen im Kreissystem verändern sich je nach der Art der Kreisbewegung. Der symmetrische Entwurf oben ähnelt dem in Kapitel 8 behandelten Bilateralsystem insofern, als sämtliche Elemente gleichmäßig beiderseits einer Mittelachse angeordnet sind. Ein ganz anderes Layout ergibt sich, wenn die Kreise sich tangential berühren (unten) und die Textzeilen auf den Berührungspunkt zulaufen. Das Ergebnis weist Merkmale sowohl des radialen als auch des Kreissystems auf.

Omar Mendez

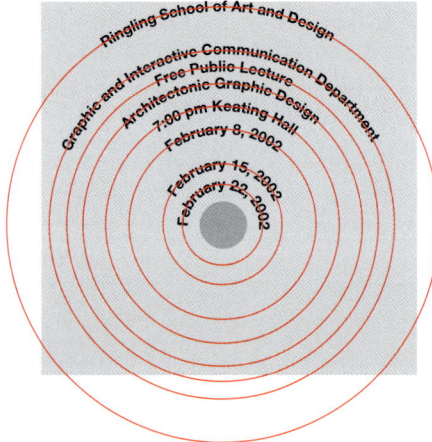

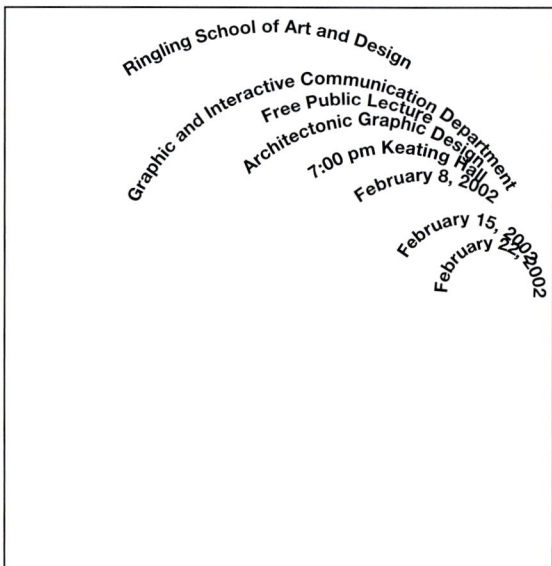

Omar Mendez

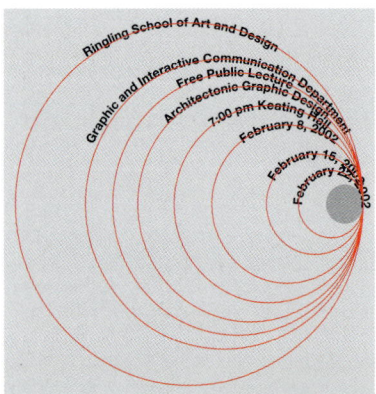

Kreissystem

Struktur
In beiden Entwürfen auf dieser Seite sind Textzeilen auf konzentrischen Kreisbogen treppenartig gestuft zu Gruppen zusammengefasst. Die schrittweise gestufte Anordnung der Zeilen bringt Bewegung in die Komposition. In der Arbeit unten wird durch die Verschiebung des Kreismittelpunkts nach rechts unten die Asymmetrie betont.

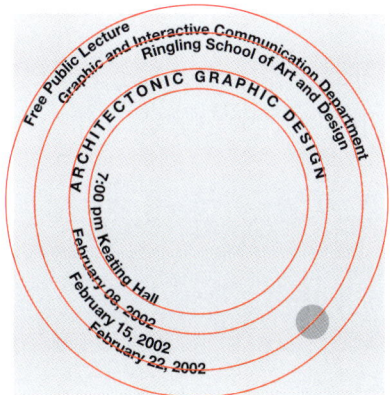

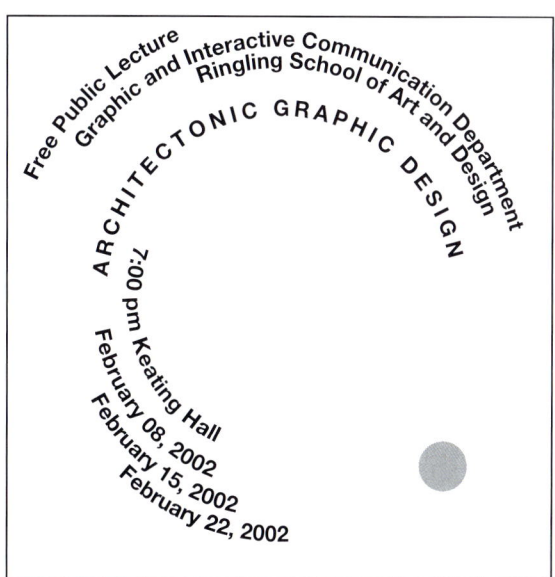

Noah Rusnock

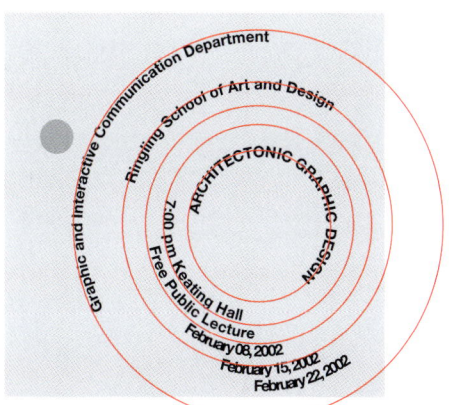

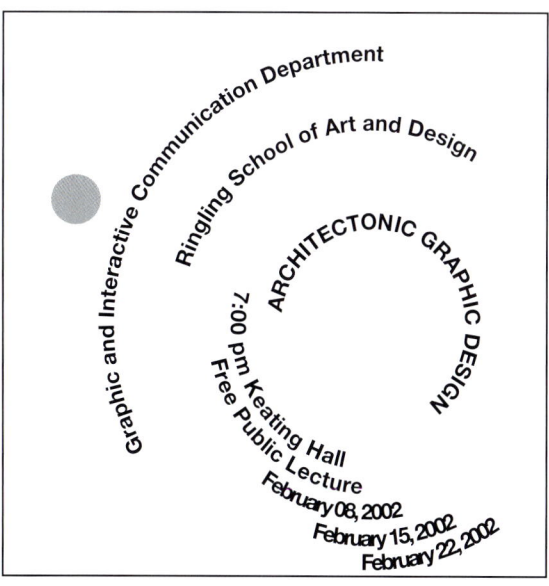

Noah Rusnock

Kreissystem

Grafische Elemente
Bei diesem Beispiel handelt es sich um eine spannende und komplexe Komposition. Die gleichmäßig gestufte Anordnung der Zeilen wird dadurch modifiziert, dass die Kreise nicht ganz konzentrisch, sondern leicht versetzt verlaufen, so dass die einzelnen Zeilen nicht ganz parallel sind. Zur Mitte hin wird die dichte Textur der Botschaft dadurch gelockert, dass die drei inneren Kreisabschnitte mit den Datumsangaben im Uhrzeigersinn weiter nach außen gedreht sind. Die dem Text unterlegten hellgrauen Bogenfelder setzen auch grafische Akzente. Das gespaltene dunkelgraue Kreiselement greift die originelle Struktur der versetzten Kreisbogen wieder auf.

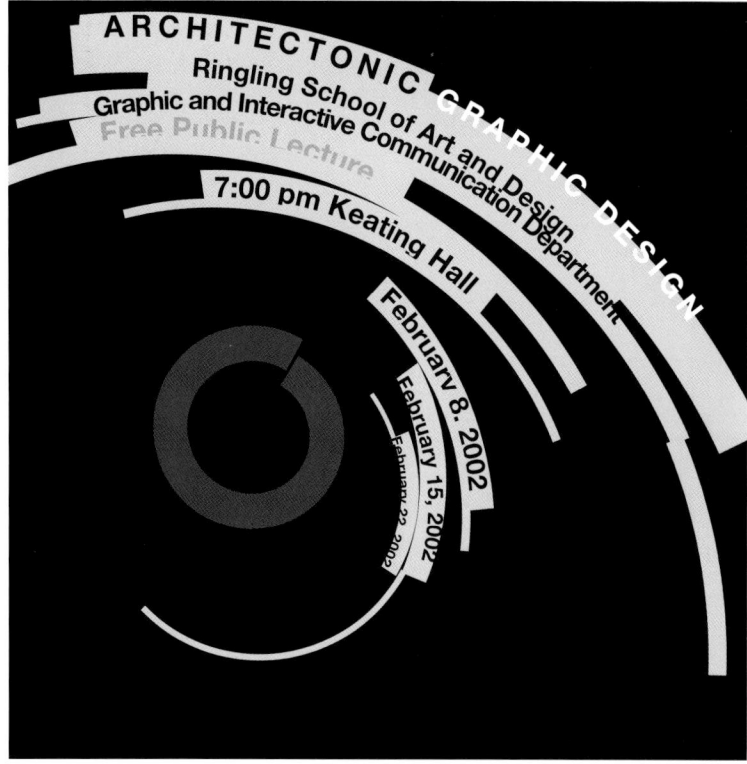

Gray West

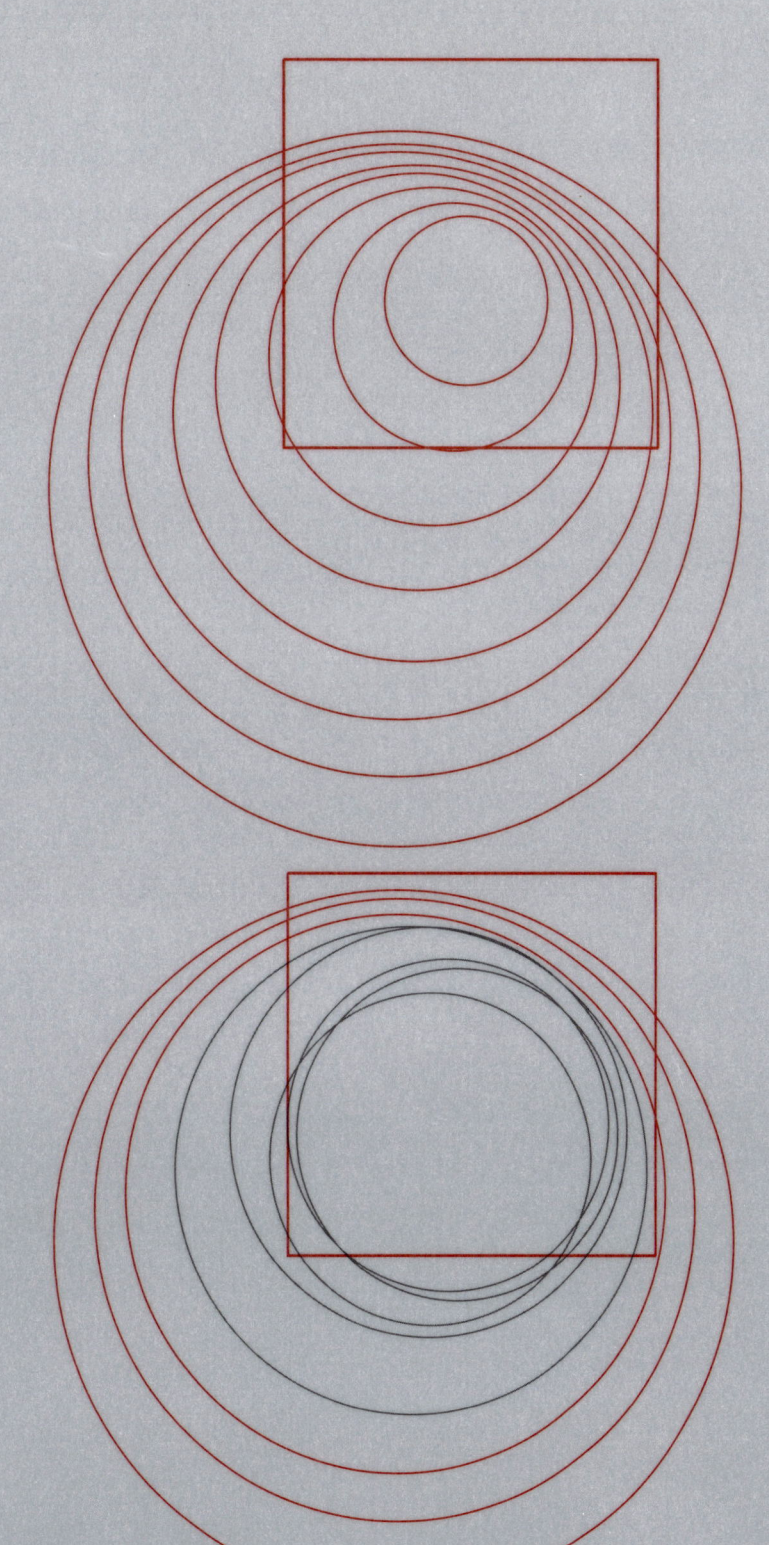

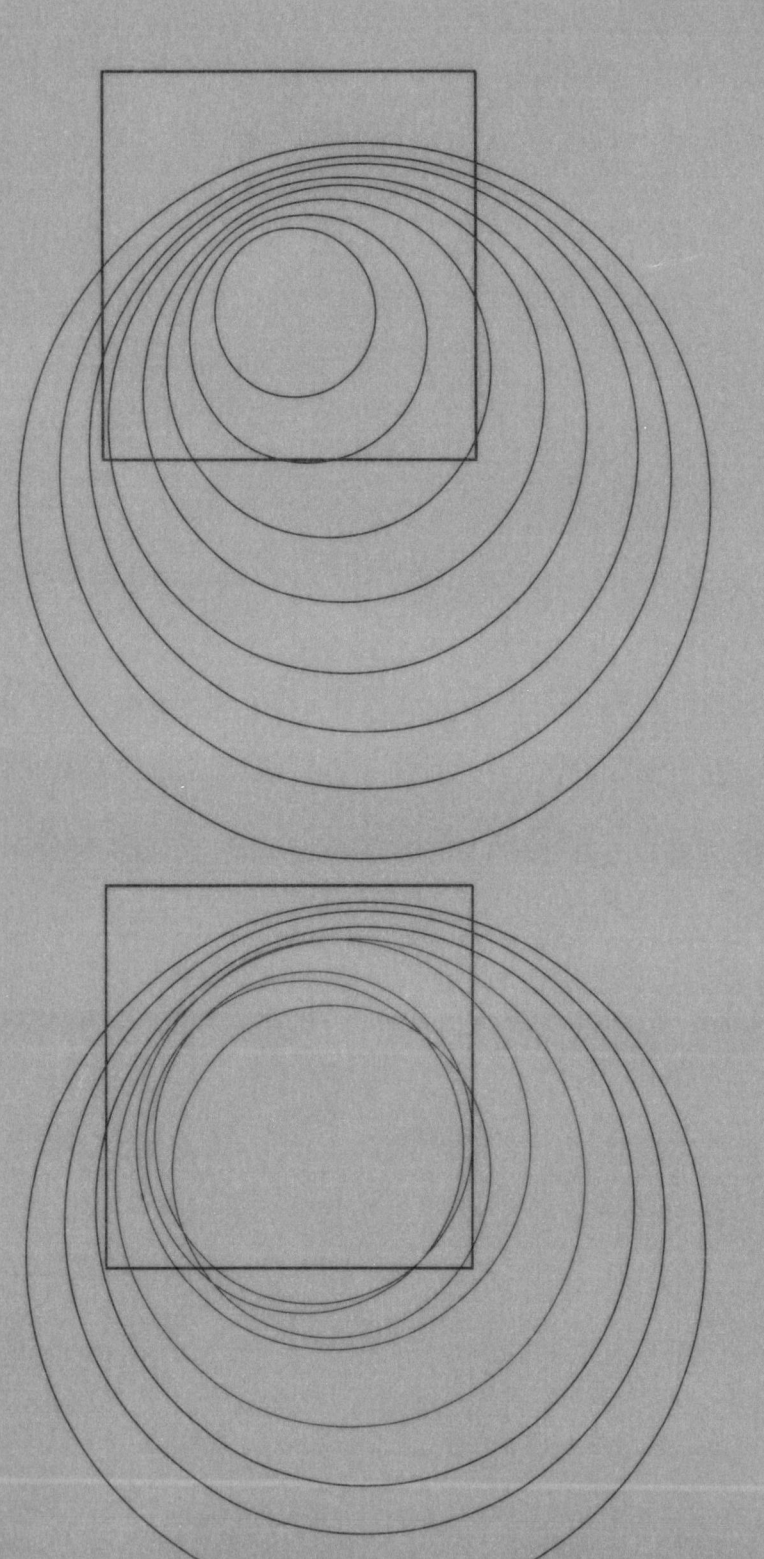

Kreissystem

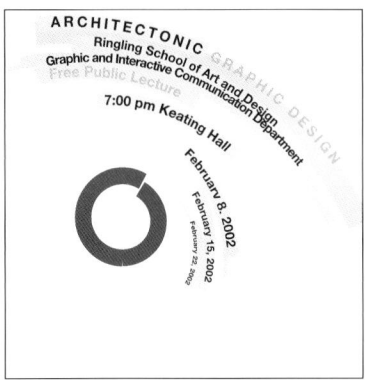

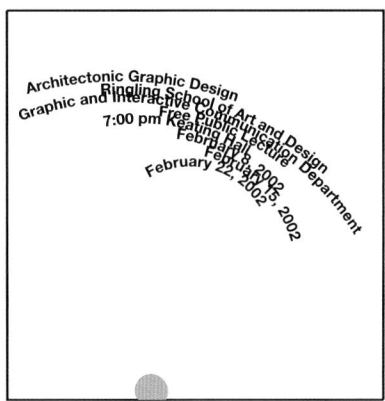

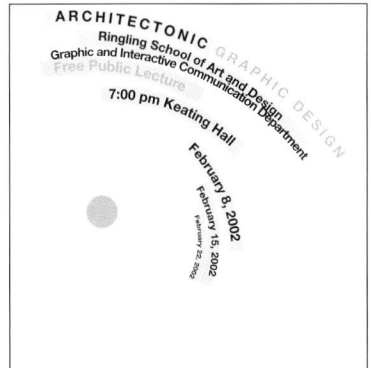

Vorstudien für die Komposition auf der gegenüberliegenden Seite

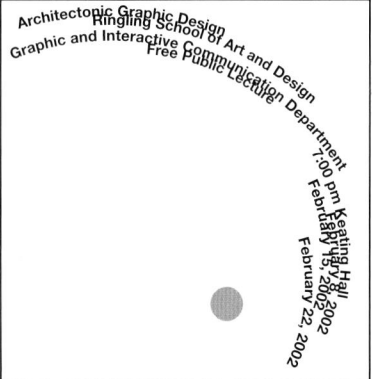

Kreissystem

Achse
Durch die Verwendung einer deutlichen Achse mischt der Grafiker im oberen Entwurf das Kreissystem mit dem Axialsystem. Entlang der vertikalen Achse entstehen Bezüge zwischen den Zeilen, und es kommt Ordnung in die Botschaft. In der Arbeit unten haben die randnahen vertikalen Achsen eine ähnliche Funktion.

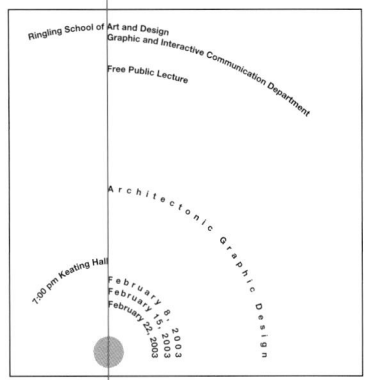
Vorstudie für die Komposition rechts oben

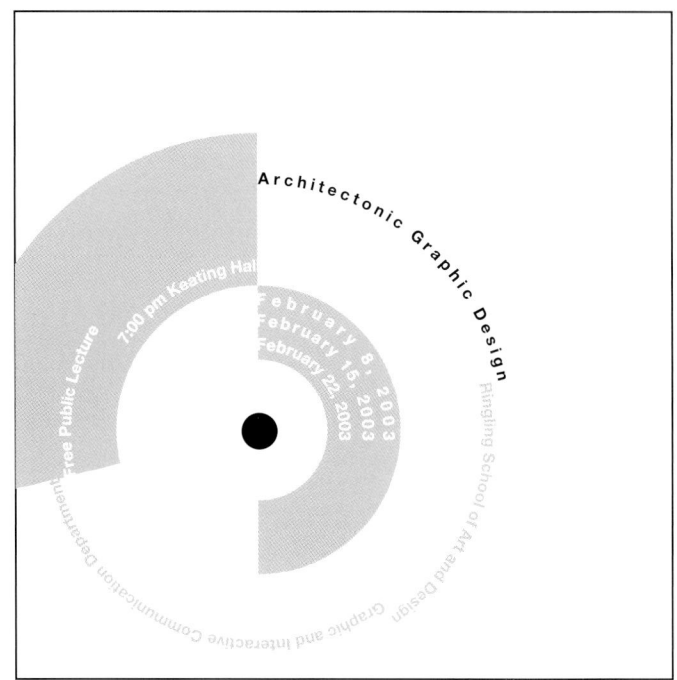
Loni Diep

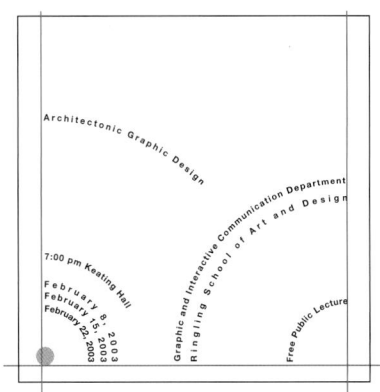
Vorstudie für die Komposition rechts unten

Loni Diep

Kreissystem

Achse

Diese durchstrukturierten Kompositionen basieren auf vier ineinander geschachtelten Kreisen mit einem Berührungspunkt. Ordnung schafft die Mittelachse, an der die drei inneren Textzeilen ausgerichtet sind. Mit den roten Linien probierte die Grafikerin drei verschiedene Methoden aus, die Struktur zu betonen und den Blick zu führen. Oben rechts betont die Einschließung durch gebogene rote Rahmenlinien die Achse. Links unten unterstreicht die spiralförmige rote Linie die Kreisbewegung. Rechts unten ist ein Teil der Mittelachse selbst durch die rote Linie markiert.

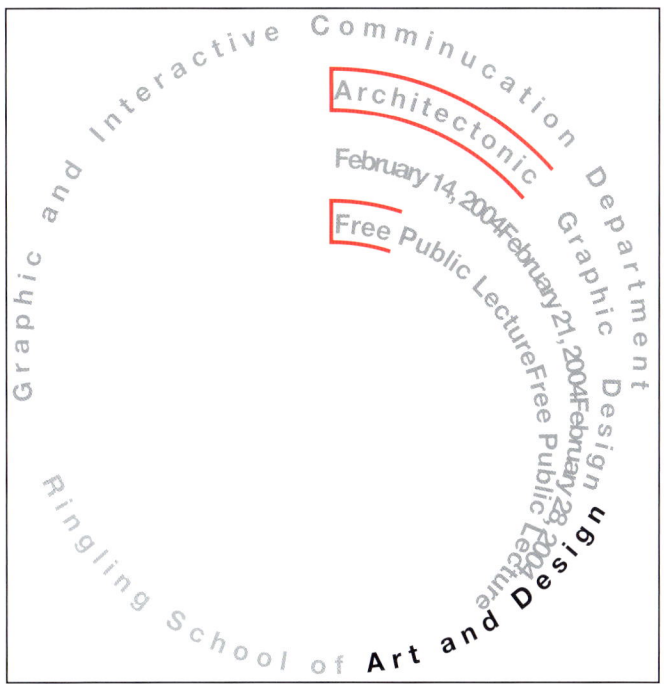

Elizabeth Centolella

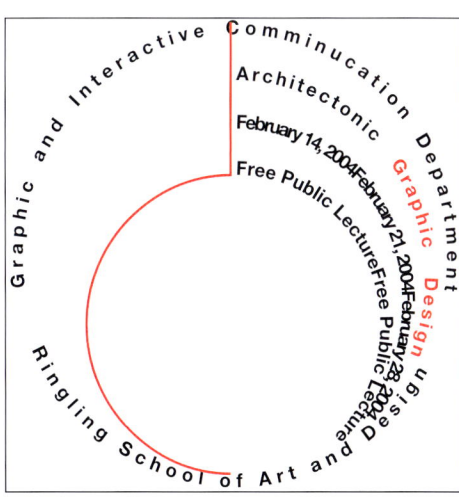

Kreissystem

Spirale
Die Spiralform – dem Kreissystem verwandt – ist mit Vorsicht zu genießen. Es lässt sich kaum vermeiden, dass der Text dabei teilweise auf dem Kopf steht und die Lesbarkeit der Botschaft leidet, wenn das Auge der Krümmung folgen muss. Andererseits ist eine sich um einen festen Punkt in der Mitte windende Spirallinie visuell durchaus interessant.

Die beiden Studien unten, die sich typografisch auf eine Schriftgröße und Strichstärke beschränken, betonen die Bewegung viel mehr als die Botschaft. Eine klarere Trennung und Definition der Zeilen ergibt sich rechts unten durch die verschiedenen Grauwerte als rechts oben durch die dem Text unterlegten Kreise.

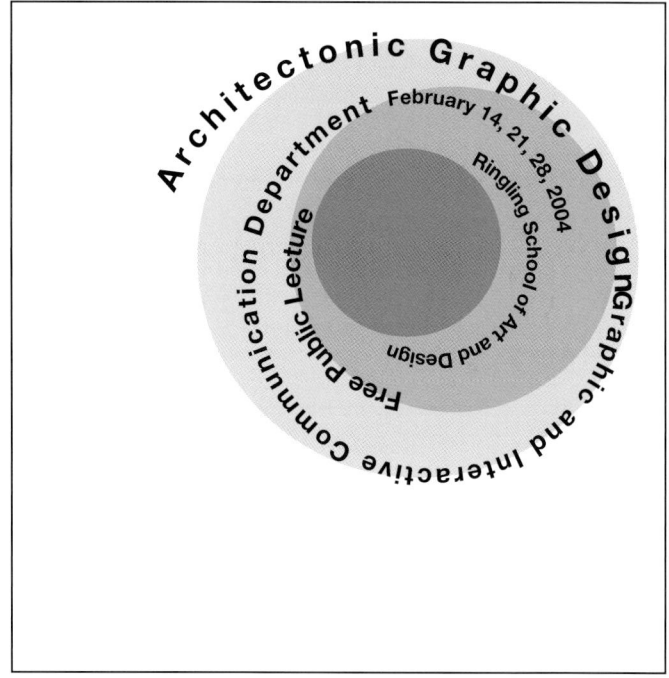

Elsa Chaves

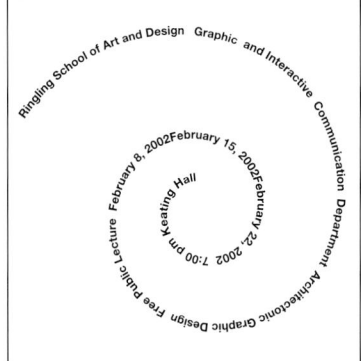

Chad Sawyer

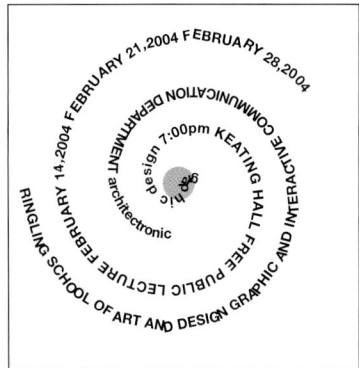

Nathan Russell Hardy

Elsa Chaves

Kreissystem

Doppelte Spirale

In diesem Entwurf hat die Grafikerin die auf dem Kopf stehende Textmenge reduziert, indem sie den Text auf zwei Spiralen laufen lässt, die auf einen Punkt zugehen. Die linksbündig gesetzten Daten und Textfragmente bilden eine Art Fortsetzung der Spirallinien. In der endgültigen, überzeugenden Komposition sprengt die Spirale den rechten Winkel der oberen linken Ecke des Blattes, während die untere rechte Ecke durch den kleinen Viertelkreis beschnitten wird.

Eva Bodok

Vorstudien für die Komposition oben

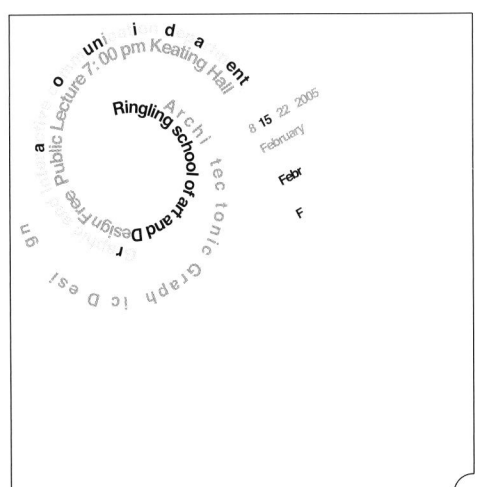
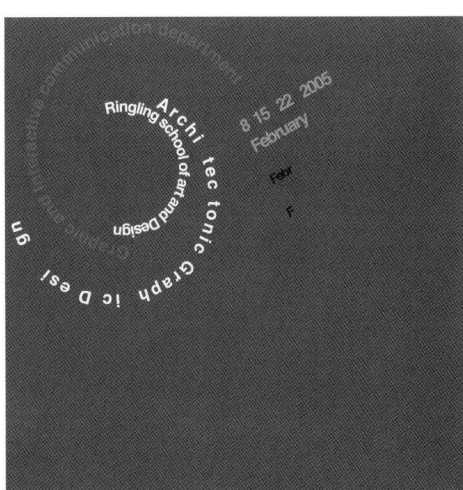

Kreissystem

Krümmungslinien

Bei dieser einfallsreichen Variante des Kreissystems gehen gegenläufige Kreisbogen ineinander über. Bei dem Entwurf rechts erfasst das Auge zuerst den Text unten links und folgt dann dem Kreisbogen nach oben. Der Text ist in zwei Gruppen geteilt, wobei die einzelne Zeilen jeweils auf konzentrischen Kreisbogen liegen. Die beiden Gruppen werden dann in einer einzigen Krümmungslinie aufeinander bezogen, die der Komposition Geschlossenheit verleiht. Mehrfache Krümmungen (unten) sind schwer in den Griff zu bekommen und haben großen Platzbedarf, was zu komplexen Kompositionen mit geringen Schriftgrößen führt.

Mike Plymale

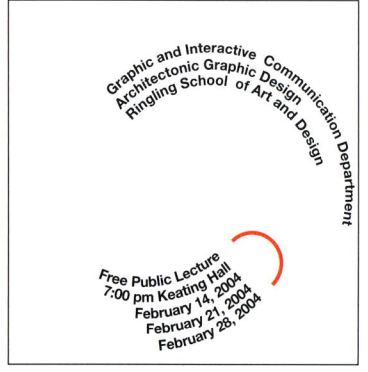

Vorstudie für die Komposition rechts oben

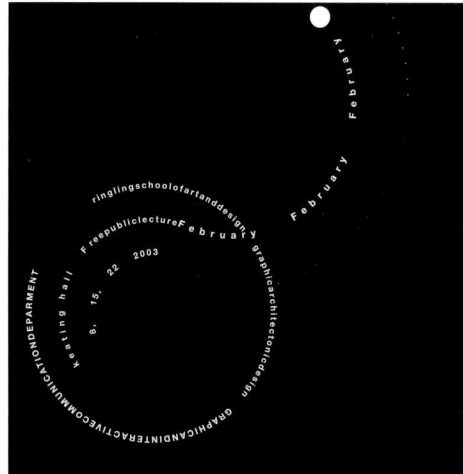

Pushpita Saha

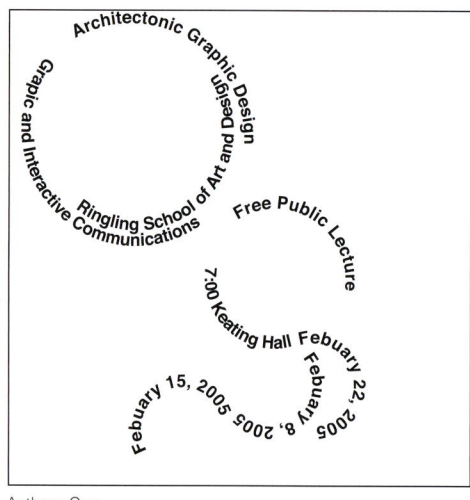

Anthony Orsa

Kreissystem

Geschlossene Kreise

Das visuelle Thema dieser Entwurfsserie sind sich überschneidende vollständige Kreise. Der Text ist in zwei Gruppen aufgeteilt – der Titel der Vortragsreihe und die Namen des Instituts und der Abteilung liegen auf dem größeren Kreis, die Daten auf dem kleineren. Bei allen drei Kompositionen ist die Information auf dem größeren Kreis durch Veränderungen des Grauwerts bzw. der Farbe strukturiert. Rechts unten z.B. ist der Titel rot, während die Namen des Instituts und der Abteilung weiß sind. In dem Entwurf rechts oben bringen die multiplen dünnen Kreislinien hinter dem großen Textkreis Bewegung in die Komposition. Die sparsame Verwendung von zwei weiteren, nicht an die Hauptgruppe gebundenen Kreisen sorgt für Kontrast und Geschlossenheit.

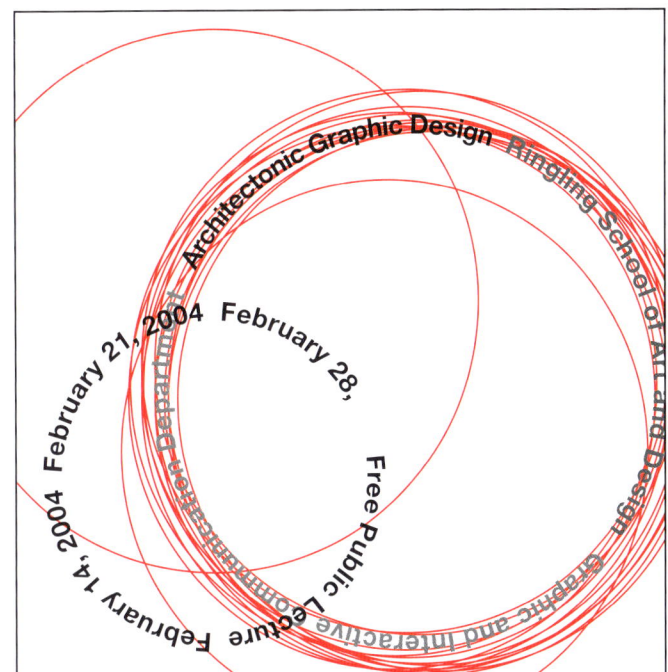

Heidi Dyer

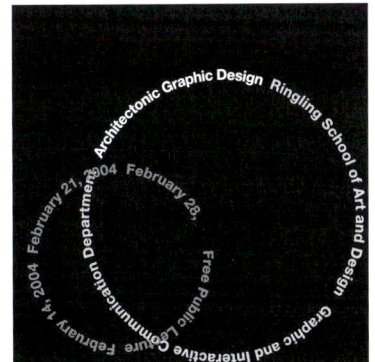

Vorstudie für die beiden Kompositionen rechts

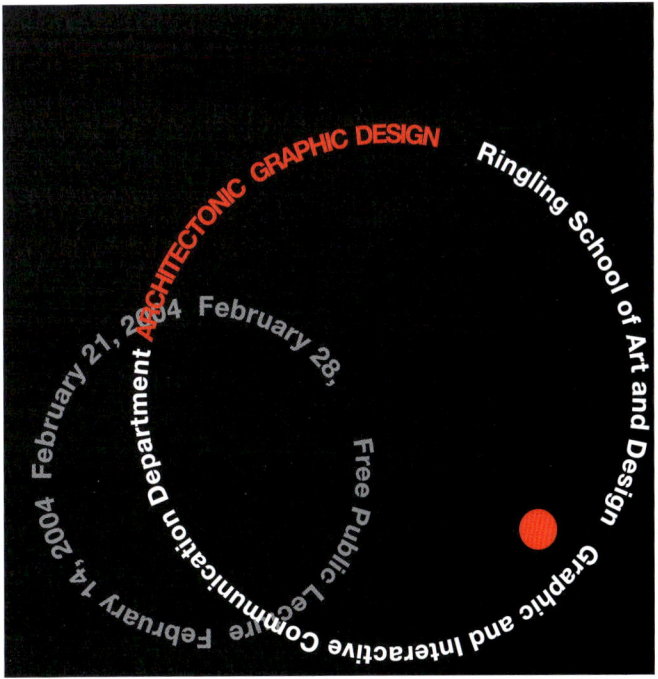

4. Zufallssystem

Spontanes Design

Zufallssystem, Einleitung

Beim Zufallssystem steckt hinter der Anordnung der Elemente weder ein bestimmtes Ziel noch ein Plan, weder Regel noch Methode. Trotzdem wirken auf diese Weise entstandene Entwürfe auf den Betrachter organisiert, weil dieser selbst eine Kompositionsstruktur beisteuert. Auge und Gehirn des Menschen sind nämlich auf Mustererkennung programmiert, d.h., sie sind ständig auf der Suche nach Gestalt und Ordnung – eine Fähigkeit, die in der Frühzeit der Spezies überlebenswichtig war. So findet der Mensch seit eh und je Sternbilder am Nachthimmel und Gestalten in den Wolken.

Im Zufallssystem fängt die Arbeit des Grafikers oft damit an, dass er wahllos Elemente über das Blatt verstreut. Weil einige dieser Elemente zwangsläufig in eine mehr oder minder erkennbare Beziehung zueinander treten, wirkt die Komposition dann doch beabsichtigt. Für das Zufallssystem charakteristische Maßnahmen wie Beschneidung, Überschneidung und ungewöhnliche Verkantungen des Textes reduzieren zwar die Lesbarkeit, führen aber überraschend oft zu spontanen, dynamischen und visuell befriedigenden Resultaten.

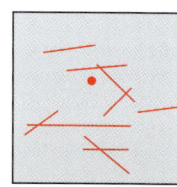

Zufallsmerkmale
Im Zufallssystem gibt es zwar keine Regeln, doch wer mit dem Zufälligen als Ziel experimentiert, findet bald heraus, dass es eine Reihe von Maßnahmen und Merkmalen gibt, die dem Vorschub leisten. Zufällige Elemente sind oft:

    überschnitten
    beschnitten
    verkantet
    von Textur gekennzeichnet
    nicht horizontal
    nicht bündig
    ohne Muster

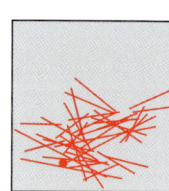

Zufallssystem

Makoto Saitos Plakat „Ba-Tsu 1994" macht seinem Designer alle Ehre: Es ist so ungewöhnlich wie der Mann selbst. Da es um ein Mode-Label geht, rechnet man mit dem Bild eines Modeartikels, doch diese Erwartung wird enttäuscht. Die einzigen Hinweise auf den Zweck des Plakats sind der Firmenname Ba-Tsu, die Jahreszahl 1994 und die Ortsangabe Tokyo. Typografisch scheint Wirrwarr zu herrschen, und die Buchstaben und Ziffern wirken wie Elemente einer dreidimensionalen Collage. Eine Ausrichtung ist nicht zu erkennen, und die visuellen Beziehungen zwischen den einzelnen Elementen sind instabil, da die Buchstaben schweben und beliebig im Raum kippen. Einige farblich hervorgehobene Buchstaben und Zahlen fallen aus dem Rahmen der grauschwarzen Textur. Alles in allem ergibt sich eine bei aller Beliebigkeit erstaunlich geschlossene Komposition.

Makoto Saito hat einmal gesagt: „Ich folge den Instinkten meiner Sinne oder meiner Fantasie." Seine Arbeiten liegen an der Schnittstelle zwischen Gebrauchsgrafik und bildender Kunst und lassen sich nur schwer einordnen, weil er für jedes Projekt einen neuen künstlerischen Ausdruck sucht.

Makoto Saito, 1994

Zufallssystem

Makoto Saito, 1994

Ein weiteres Plakat für Ba-Tsu bedient sich der visuellen Energie im Raum schwebender dreidimensionaler Buchstabenformen. Die Raumaufteilung wirkt durch die beschnittenen Bilder und die schwebenden typografischen Elemente mysteriös.

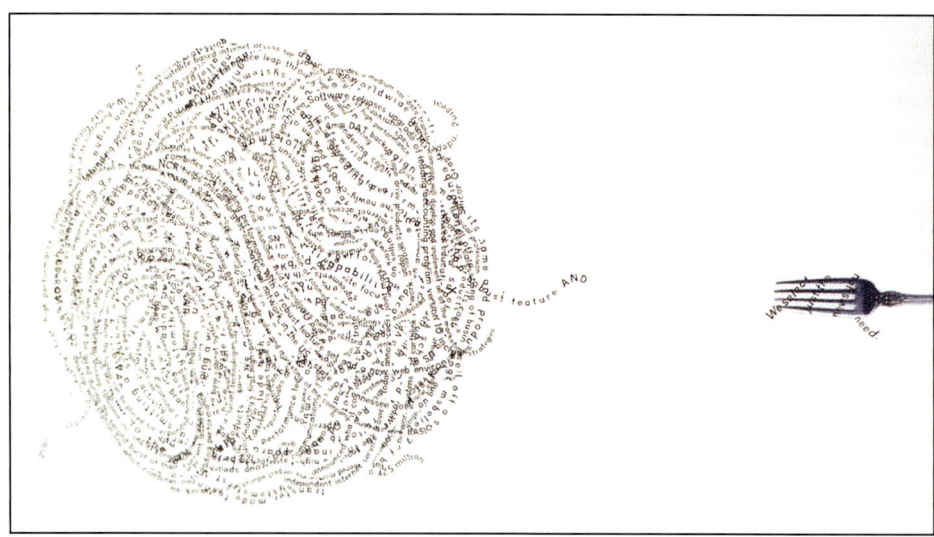

Zufallssystem

Gail Swanlund, Swank Design, 1994

Eine Collage aus Text und Bildern verleiht Gail Swanlunds Plakat „Life's a Dream" eine geheimnisvoll träumerische Aura. Die typografisch frei gestalteten Lettern beziehen sich zwar aufeinander, sind aber durch zusätzliche Striche und abstrakte Flügelzeichnungen verfremdet.

David Carson, 1997

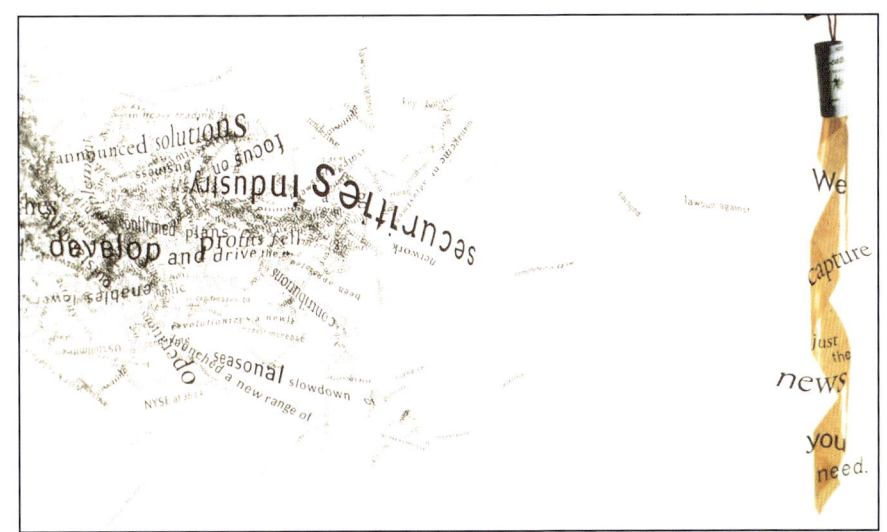

David Carsons Anzeigen für eine Suchmaschine kreisen um das Motiv, im Chaos des Internets das Benötigte zu finden. Auf der gegenüberliegenden Seite spießt die Gabel genau den richtigen Text aus den Spaghetti auf, und in der Grafik links bleiben „the news you need" an dem Fliegenpapier hängen.

Zufallssystem, Miniskizzen

Wenn Textzeilen horizontal verlaufen, ist es fast unmöglich, einen Zufallseffekt zu erzielen. Parallele Zeilen, die nur eine Ausrichtung haben – sei es horizontal, vertikal oder diagonal – vermitteln ein Gefühl der Ordnung und Absicht. Sobald sie aber schräge Winkel bilden, entsteht der Eindruck des Zufälligen, der um so stärker wird, je dramatischer und vielfältiger diese Winkel sind.

In Kompositionen mit mehreren Winkeln kommt es fast von selbst zu Über- und Beschneidungen – beides starke Signale des Zufälligen. Wenn es aber in erster Linie um die Kommunikation einer Botschaft geht, wird der Grafiker um der Lesbarkeit willen beides eher vermeiden.

Anfangsphase
Die Studenten merken schnell, dass horizontale oder nur leicht schräg verlaufende Textzeilen nicht wirklich zufällig wirken. Solche Kompositionen sind wegen der Verteilung der Flächen um den Text und ihrer monotonen Textur meist wenig spannungsreich.

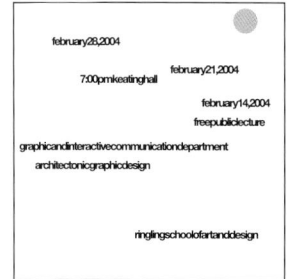
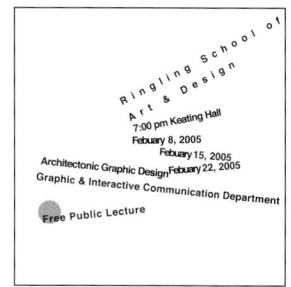

Zwischenphase
In dieser Phase beginnen die Studenten mit multiplen Winkeln und sich überschneidenden Zeilen zu experimentieren. Sobald Überschneidungen sie nicht mehr verunsichern, wählen sie dramatischere Winkel, was allerdings die Lesbarkeit beeinträchtigt. Gleichzeitig verfeinert sich ihr Gespür für Form und Platzierung von Weißraum und für die Anordnung von Elementen auf dem Blatt.

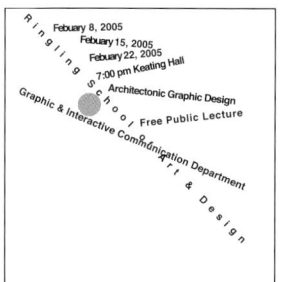
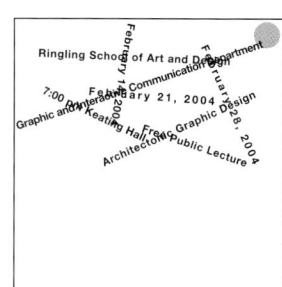

Fortgeschrittene Phase
In dieser Phase treiben die Studenten den Eindruck des Zufälligen nach und nach bis an die Grenze zur Unlesbarkeit. Zeilen werden wiederholt und in einzelne Wörter zerlegt, und schließlich entstehen auch Kompositionen aus einzelnen Buchstaben.

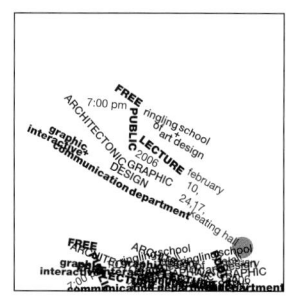
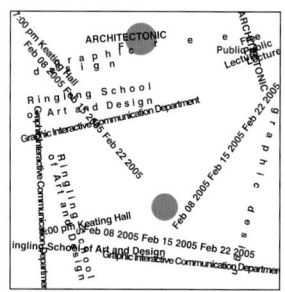

Zufallssystem, Miniskizzen

Auch durch Veränderungen der Textur kann man den Eindruck des Zufälligen erzielen. Eine Schrift mit normaler Laufweite führt zu einer normal lesbaren Textur. Abweichungen von dieser Textur – vor allem extreme Varianten – signalisieren Abweichung von der Norm. Beim Experimentieren mit dem Zufallssystem ist es hilfreich, den Text nicht mehr als Kommunikationsmittel, sondern als reine Textur zu sehen. Als Textur betrachtet, gewinnen die Zeilen wegen der Formen und Leerflächen, die sie erzeugen, Bedeutung für die Komposition.

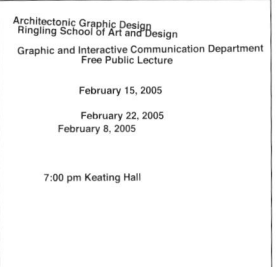
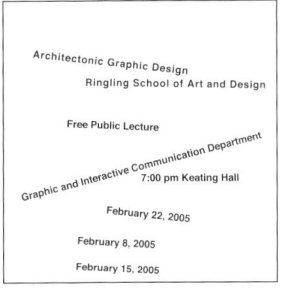

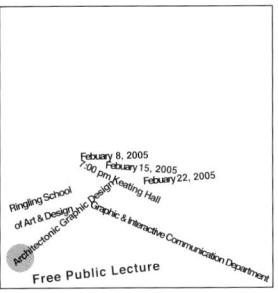
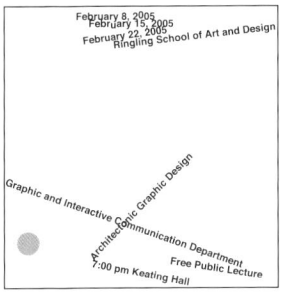
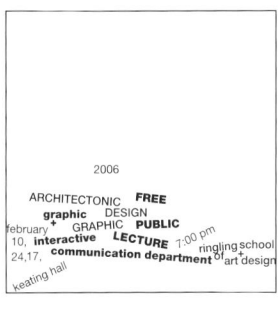

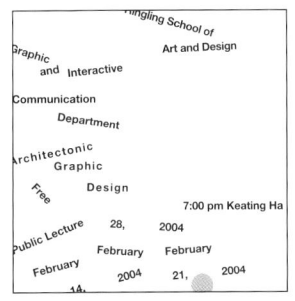
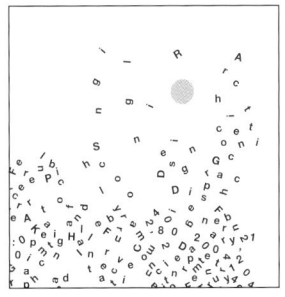

Zufallssystem

Rein typografische Struktur
Bei Grafiken, die nach dem Zufallssystem entworfen sind, ist die Lesbarkeit der Botschaft zugegebenermaßen oft massiv beeinträchtigt, was natürlich den Nutzen des Systems als Mittel der Kommunikation in Frage stellt. Wenn der Betrachter sich etwas Mühe gibt, kann er jedoch viele der Kompositionen entziffern, und reizvoll sind derartige spontane typografische Explosionen zweifellos.

Beim Zufallssystem geht es um das Experimentieren mit verschiedenen Graden der Lesbarkeit. Die meisten Studenten produzieren anfangs relativ leicht lesbare Entwürfe, wie z.B. hier oben rechts, um dann zu weit weniger lesbaren überzugehen wie unten rechts. Das gleiche gilt für die Arbeiten auf der gegenüberliegenden Seite: Bei den kleineren Kompositionen handelt es sich um einigermaßen lesbare frühe Entwürfe, bei den größeren um weniger lesbare spätere Arbeiten.

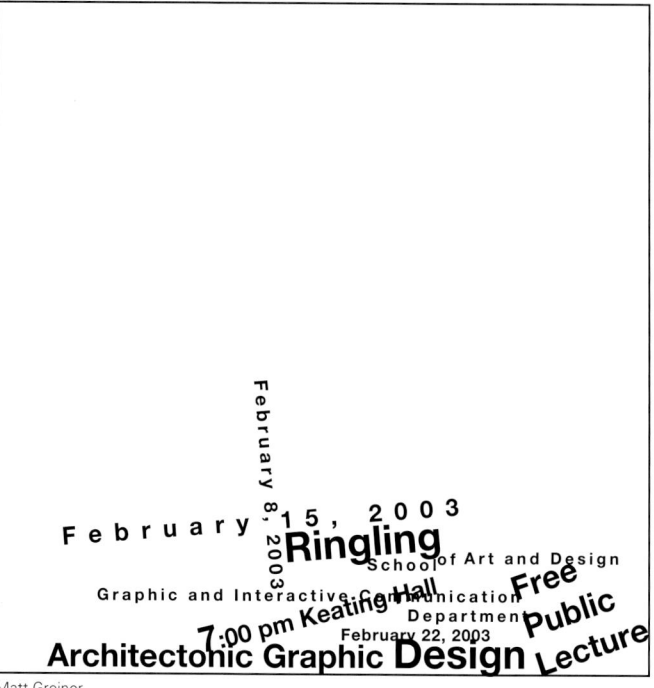

Matt Greiner

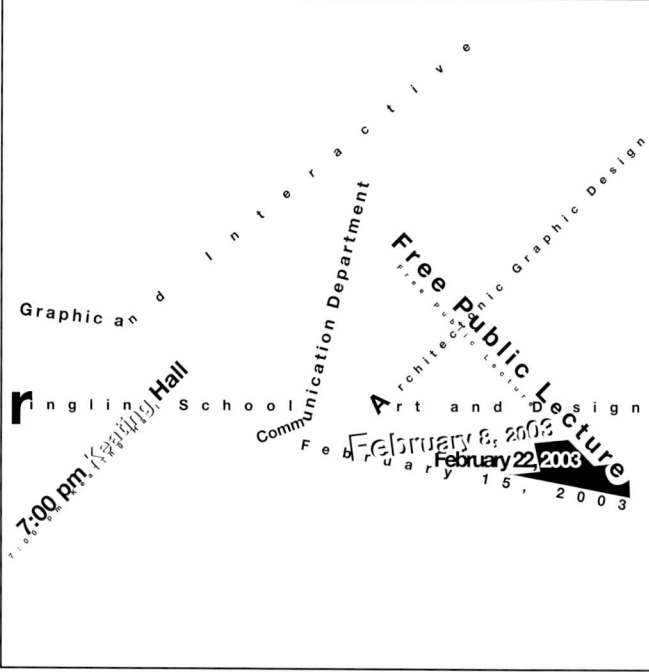

Matt Greiner

Zufallssystem

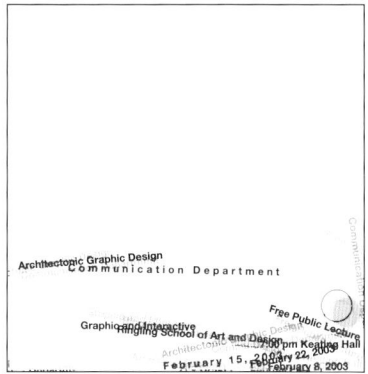

Studie mit einer einzigen Schriftgröße und Strichstärke für die Komposition rechts oben

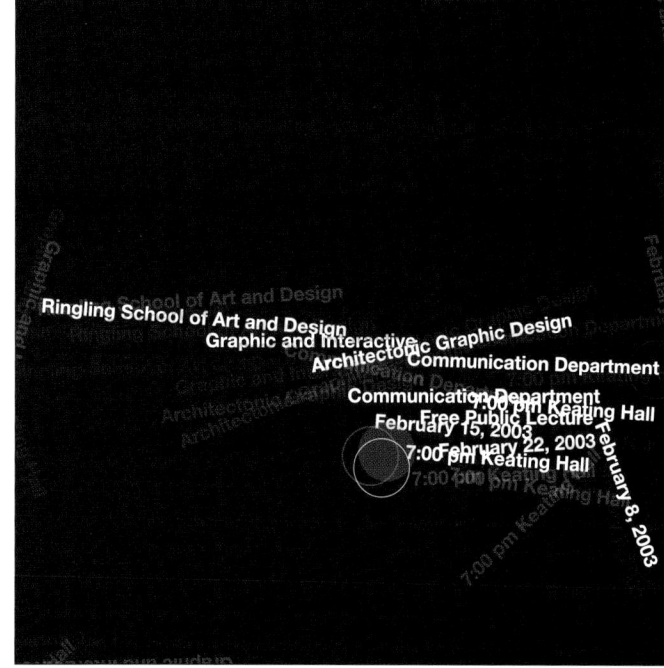

Lawrie Talansky

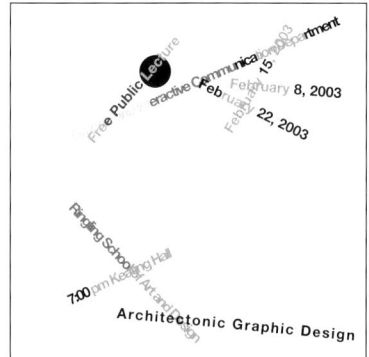

Studie mit einer einzigen Schriftgröße und Strichstärke für die Komposition rechts unten

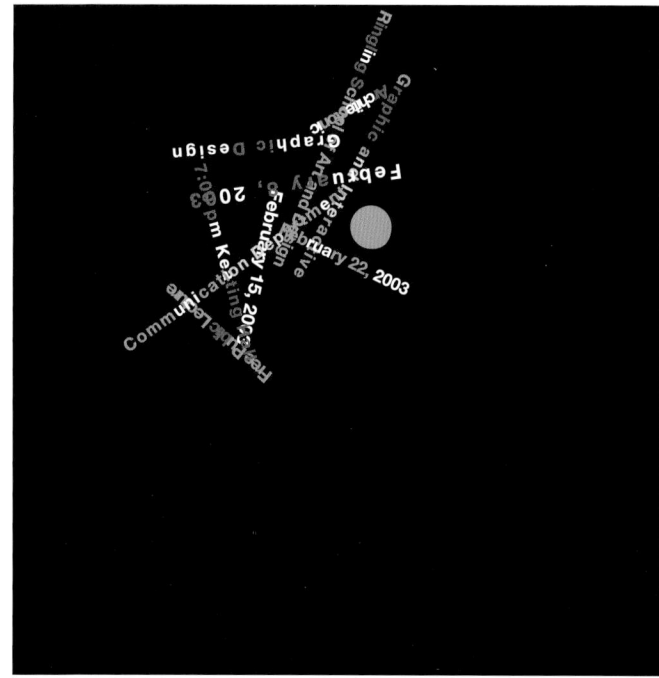

Giselle Guerrero

Zufallssystem

Grafische Elemente

Die Einführung grafischer Elemente kann Zufallskompositionen durch Formenvielfalt bereichern. In punkto Form und Platzierung sollten diese Elemente ebenso ungezwungen wirken wie die typografischen. Gelegentlich kann man durch ein grafisches Element ein Wort oder eine Zeile modifizieren und dadurch in einem chaotischen Umfeld die Kommunikation verbessern.

Der einzelne schwarze Balken, der an dem roten Kreis in dem Entwurf unten links haftet, betont das Wort „Communication". Es bildet einen Einstieg in den Text, und wegen seiner dezentralen Platzierung entsteht der Eindruck der Zufälligkeit. Die dynamischen Arbeiten rechts zeigen den Übergang von einer relativ lesbaren Version oben zu einem viel dynamischeren fragmentierten Entwurf unten.

Auf der nächsten Seite handelt es sich links um Studien mit nur einer Schriftgröße und Strichstärke für die größeren Versionen rechts. Diese sind den Studien kompositorisch und typografisch recht ähnlich, werden durch die Einführung grafischer Elemente aber komplexer. In der Komposition rechts unten verstärken vor allem die unregelmäßig geformten Balken den Eindruck des visuell Zufälligen.

Jon Vautour

Jon Vautour

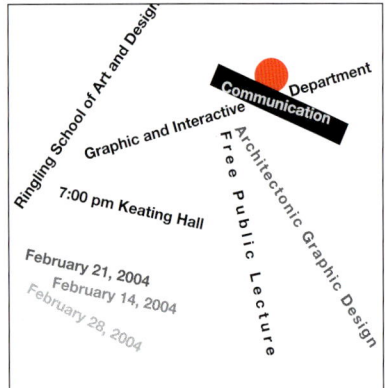

Melissa Pena

Zufallssystem

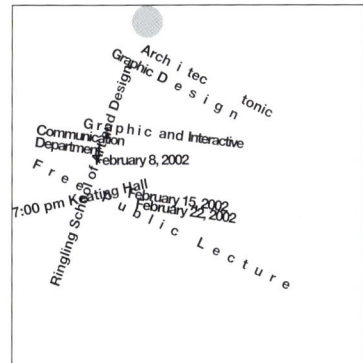

Studie mit einer einzigen Schriftgröße und Strichstärke für die Komposition rechts oben

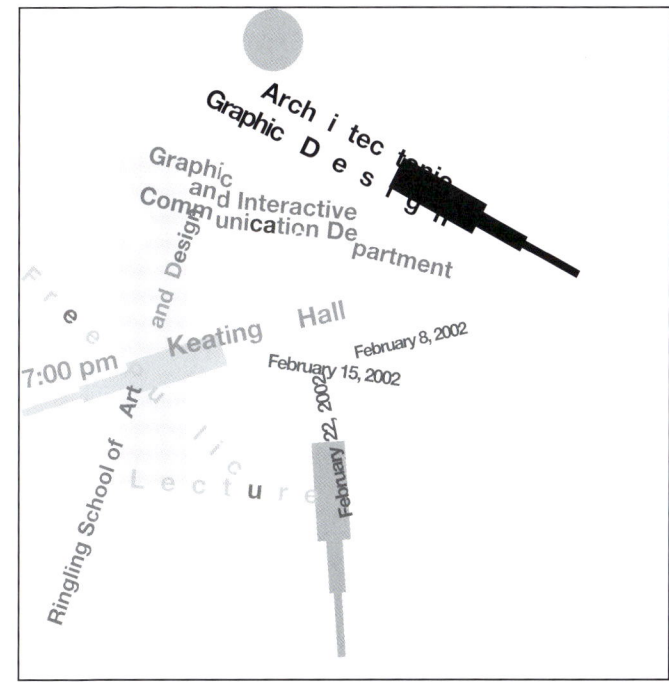

Katherine Chase

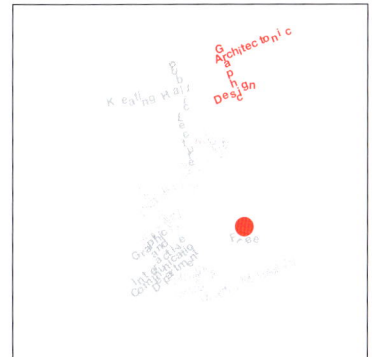

Studie mit einer einzigen Schriftgröße und Strichstärke für die Komposition rechts unten

Chean Wei Law

Zufallssystem

Geformter Hintergrund
Die Einführung eines geformten Hintergrunds erhöht die Komplexität eines Layouts. Bei den Entwürfen auf dieser Seite greifen die Hintergrundformen die zufälligen Winkel einzelner Textzeilen kontrapunktisch wieder auf.

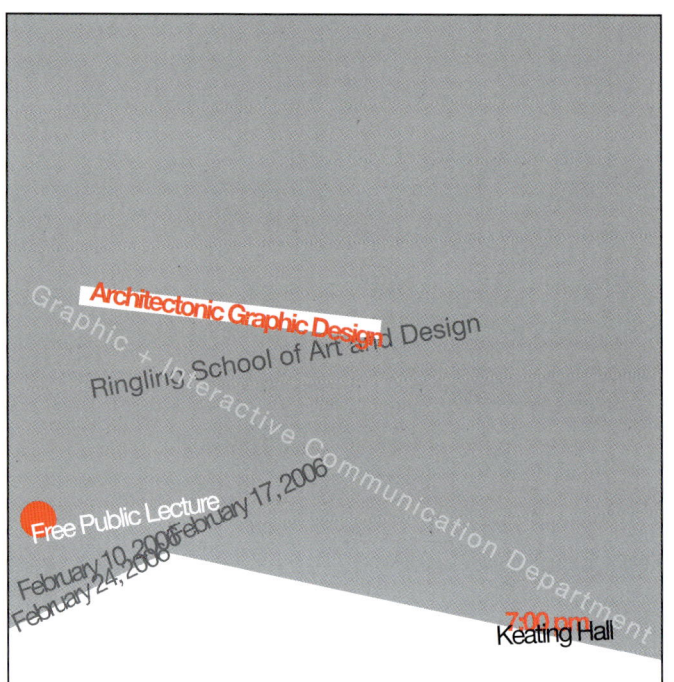
Amanda Clark

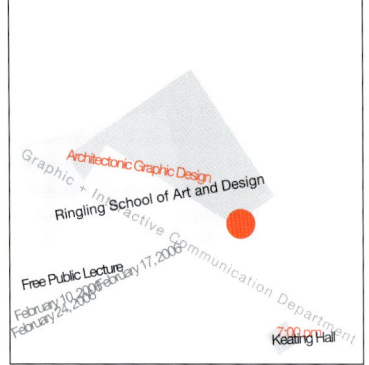
Vorstudie für die Komposition rechts oben

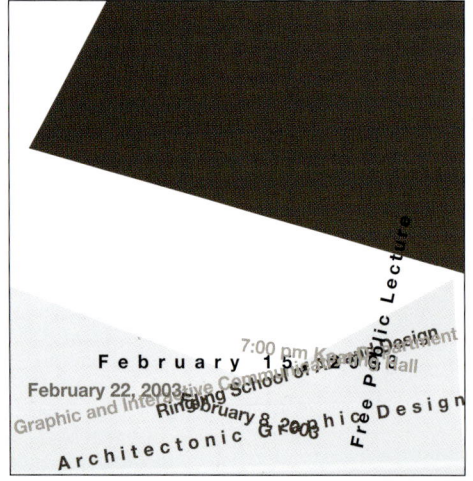
Jennifer Frykholm

Jennifer Frykholm

Zufallssystem

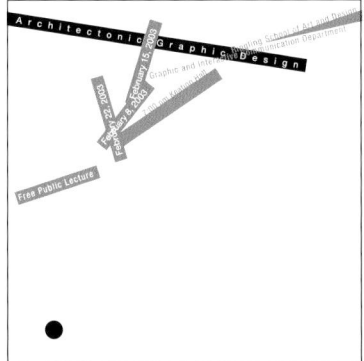

Vorstudie für die Komposition rechts oben

Loni Diep

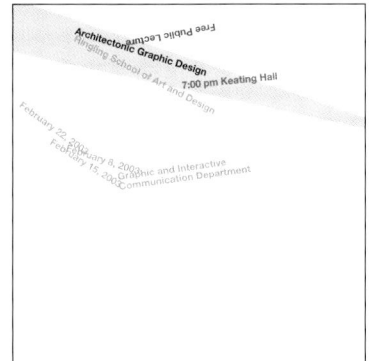

Vorstudie für die Komposition rechts unten

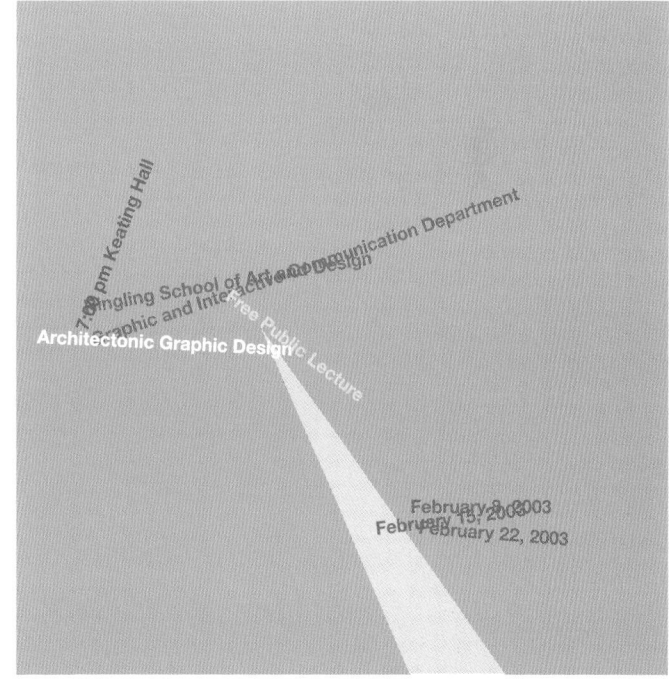

Casey Diehl

Zufallssystem

Wiederholung
Charakteristisch für das Zufallssystem ist die Wiederholung. Eine allzu häufige Wiederholung typografischer Elemente erzielt zwar eine interessante Textur, führt aber rasch zum Verlust von Lesbarkeit. Die Arbeiten auf dieser Doppelseite experimentieren mit Muster und Textur als Kompositionselementen. Während auf dieser Seite die Textur über die Kommunikation triumphiert, kann letztere sich auf der gegenüberliegenden Seite oben einigermaßen behaupten, weil über die Textur lesbarer Text gelegt wird. Eine weitere Strategie zur Rettung der Kommunikation sieht man auf der gleichen Seite unten rechts: Die Botschaft wird wiederholt und größer gesetzt, in Majuskeln, in einer anderen Farbe oder mit anderem Grauwert.

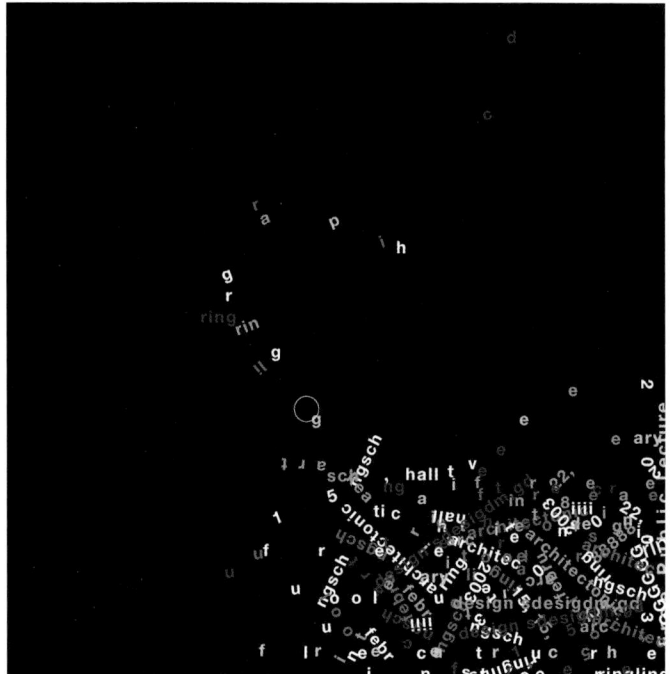

Pushpita Saha

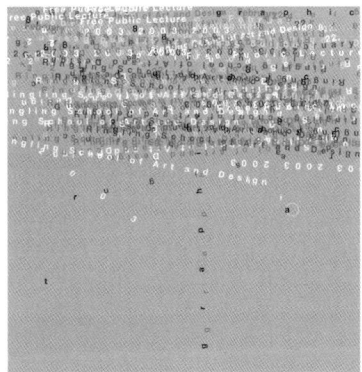

Vorstudie für die Kompositionen rechts

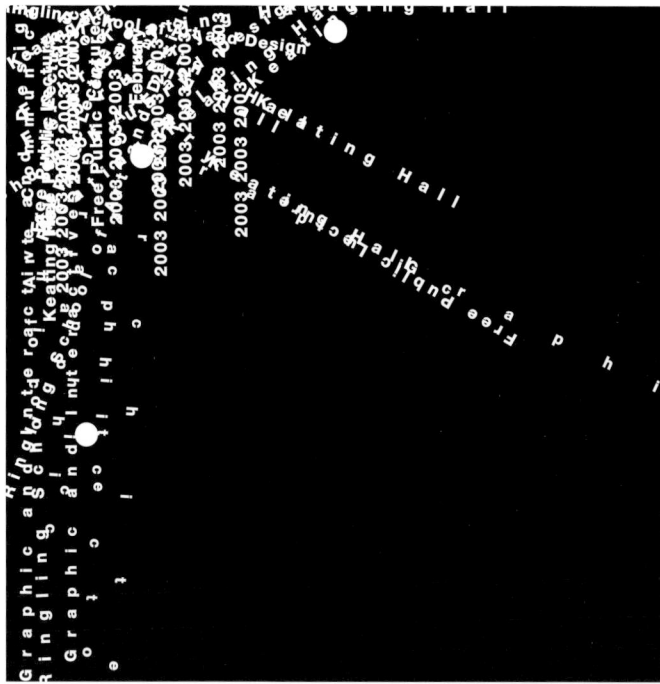

Zufallssystem

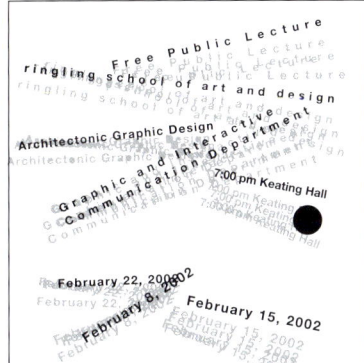

Vorstudie für die Komposition rechts oben

Vorstudie für die Komposition rechts unten

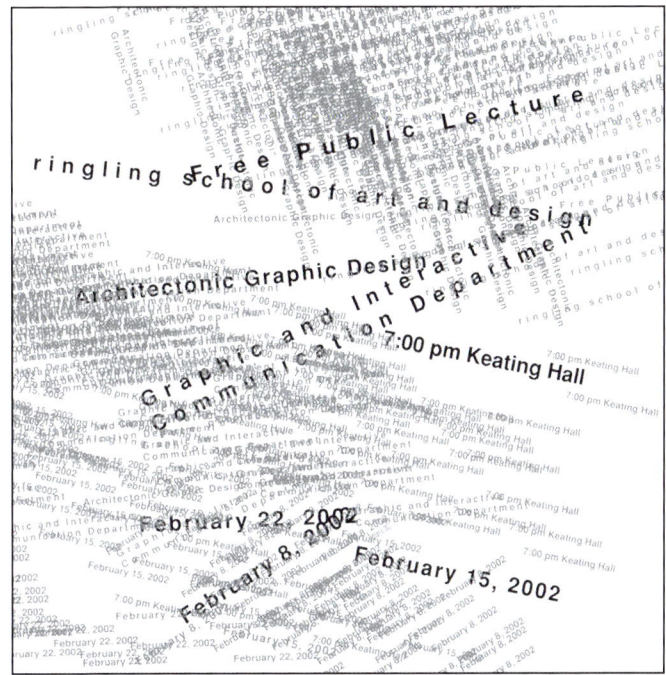

Chad Sawyer

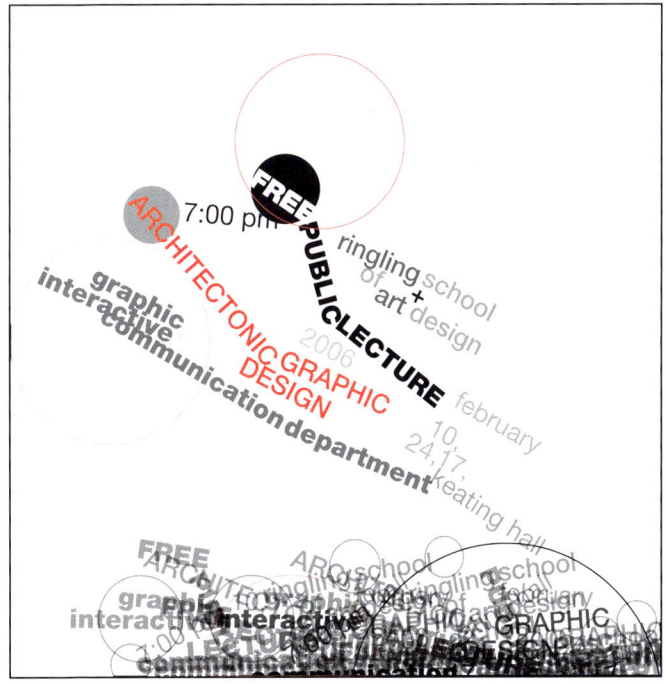

Wendy Ellen Gingerich

5. Rastersystem

Design mit vertikalen und horizontalen Unterteilungen

Ringling School of Art and Design	Graphic & Interactive Communication Department	
	Architectonic Graphic Design	
	Free Public Lecture 7:00 PM	February 14 February 21 February 28 2004

Rastersystem, Einleitung

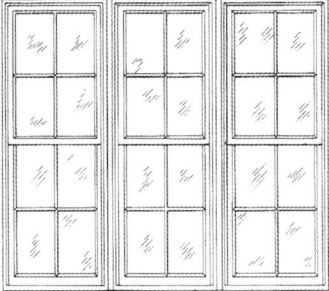

Ein Raster ist eine Struktur aus vertikalen und horizontalen Unterteilungen, die Elemente gliedert und Beziehungen zwischen ihnen herstellt. Die meist strenge Anordnung dient der visuellen Ordnung und der Effizienz in der Herstellung. Rastersysteme findet man z.B. bei Fenstern, Stadtplänen und Kreuzworträtseln. Buch-, Magazin- und Webdesign bedienen sich grafisch oft eines Rasters, weil dabei die Hierarchie von Informationen leicht zu erkennen ist und ein visueller Rhythmus entsteht, der sich über viele Seiten einer Publikationen oder eines Internetauftritts aufrecht erhalten lässt.

Das Rastersystem erzeugt starke wechselseitige Beziehungen zwischen den typografischen Elementen und wiederkehrende rhythmische Proportionen von Textblöcken, Bildern und Leerflächen in einer visuellen Kommunikation. Anders als beim Axialsystem sind die visuellen Beziehungen im – meist mehrspaltigen – Rastersystem nicht an eine einzige Achse gebunden.

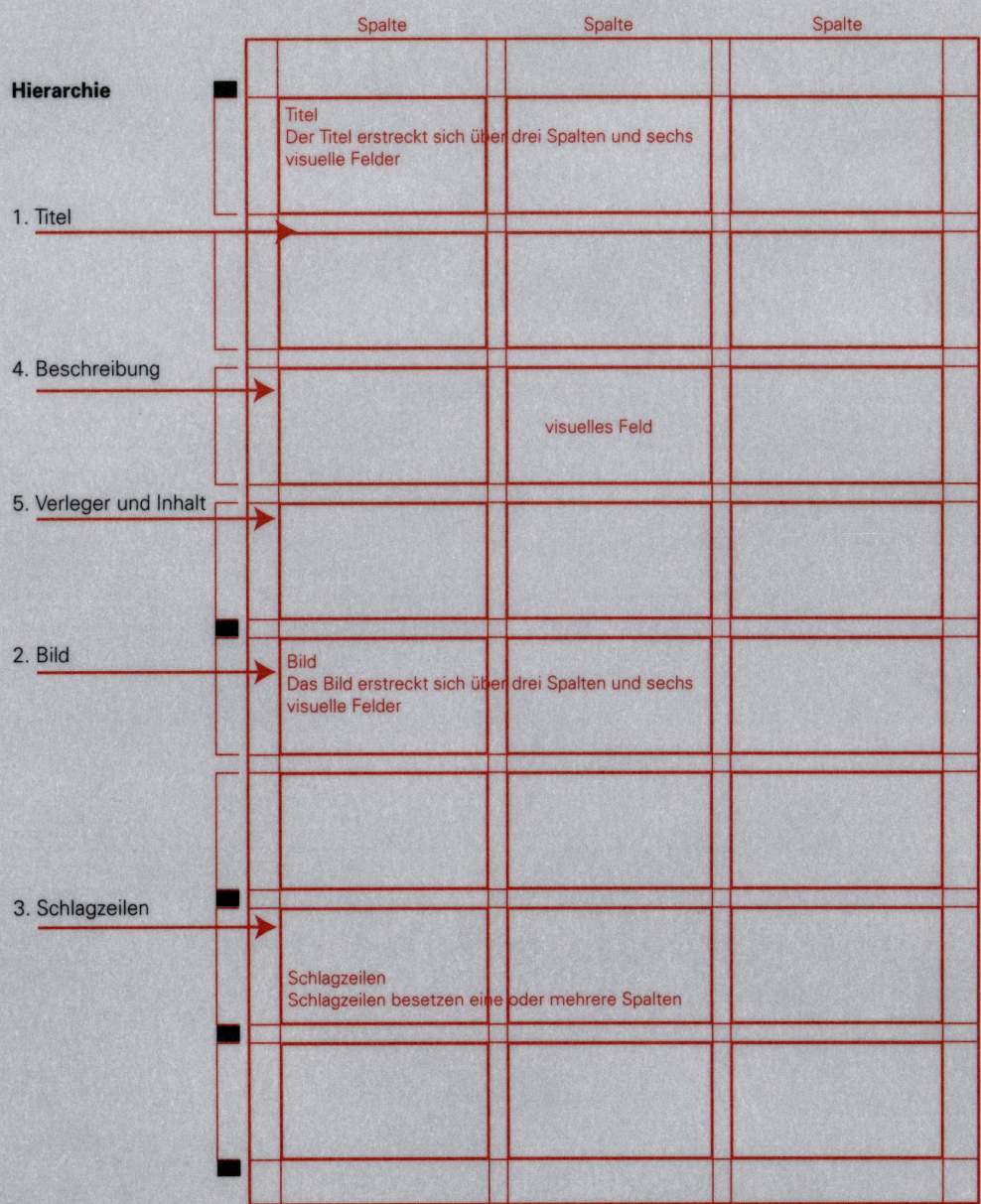

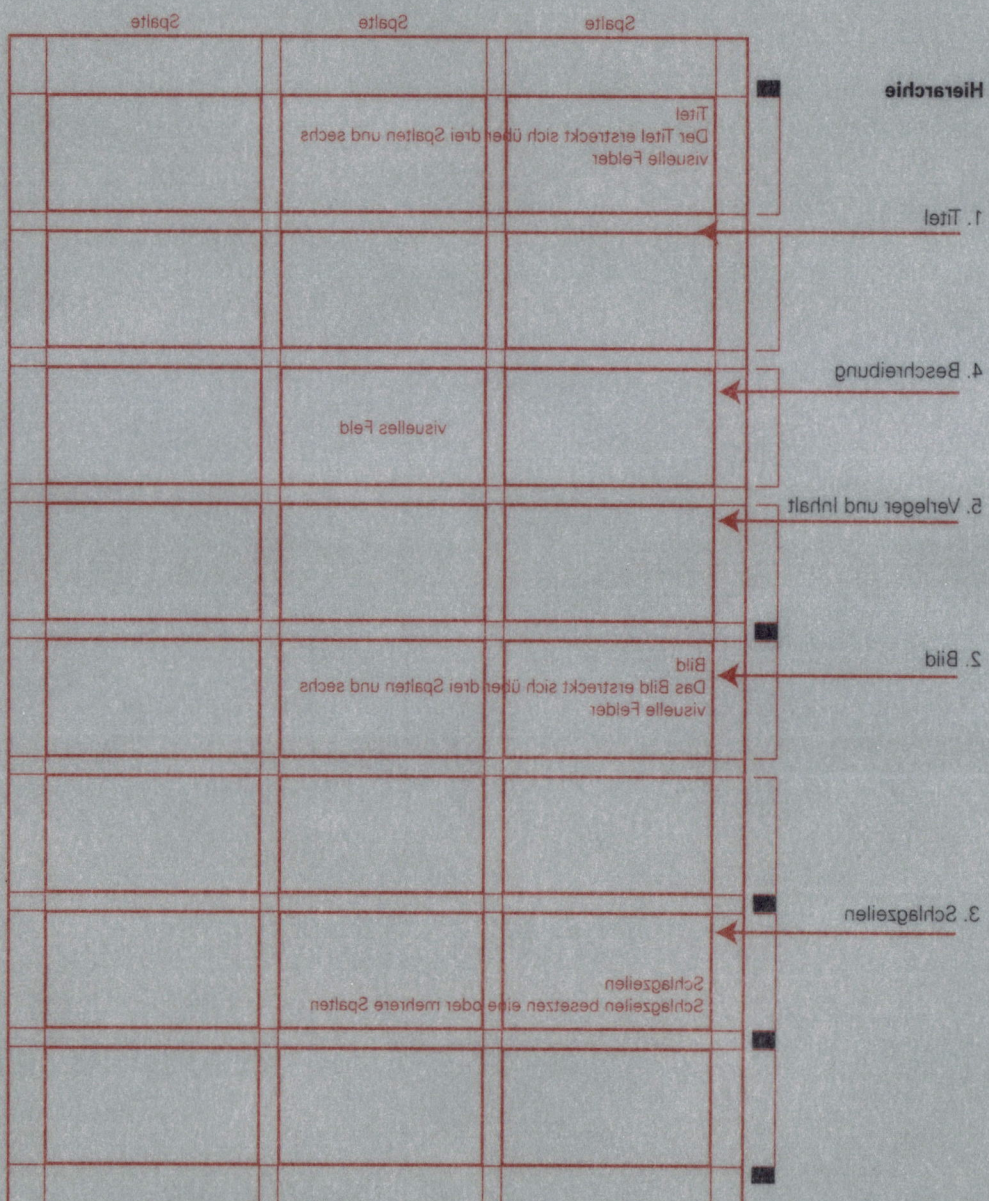

Rastersystem

Ein Markenzeichen des Designers Massimo Vignelli von Vignelli Associates sind seine zeitlos klassischen Rasterkompositionen. Ein Paradebeispiel ist der New Yorker Architektur- und Designkalender „Skyline". Das Raster besteht aus drei Spalten zu je acht Feldern. Flexibilität und unterschiedliche Gestaltungsmöglichkeiten für jede Ausgabe werden dadurch gewahrt, dass Bilder und Texte je nach Bedarf mehrere Spalten und Felder einnehmen können. So entsteht ein geordnetes System mit klarer Hierarchie – eine Einladung an den Leser, sich der Information zuzuwenden. Die Titelseite ist durch massive Balken klar gegliedert. In der oberen Hälfte betont ein darüberliegender Balken den groß und fett gedruckten Titel, der von Impressum und Inhaltsverzeichnis durch eine Leerfläche abgesetzt ist. Ein Balken markiert die Mitte der Seite, in deren unterer Hälfte weitere Balken die Schlagzeilen von einander trennen.

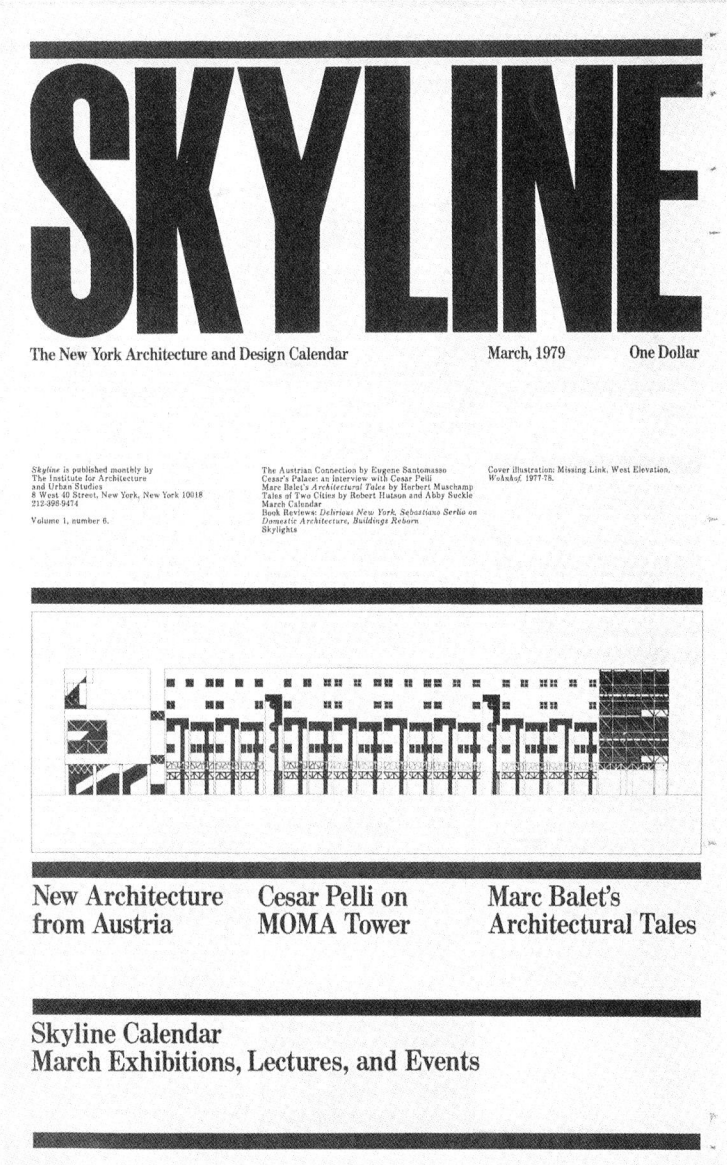

Massimo Vignelli, 1978

Rastersystem

In diesem von Emil Ruder entworfenen Programmkalender ist das Raster durch die starken Abstriche der großformatigen Lettern markiert, die für die Wochentage stehen. Durch die rechtsbündige Ausrichtung der Textspalten unter der Buchstabenfolge „mdmd" entsteht ein Rhythmus, der durch die geringere Spaltenbreite unter dem „f " in Spannung gesetzt wird. In den einzelnen Spalten hängt die Textposition von der Uhrzeit des Termins ab. Die stark betonte vertikale Bewegung kontrastiert mit den Leerflächen der Lettern.

Auch bei der kleineren Arbeit unten rechts spielt Ruder mit horizontaler und vertikaler Dynamik. Die Textspalten und die Trennlinien betonen die Vertikale, während die Sequenz fett gedruckter Kreisbogen, die sich zuletzt zum Kreis schließen, eine horizontale Bewegung erzeugt.

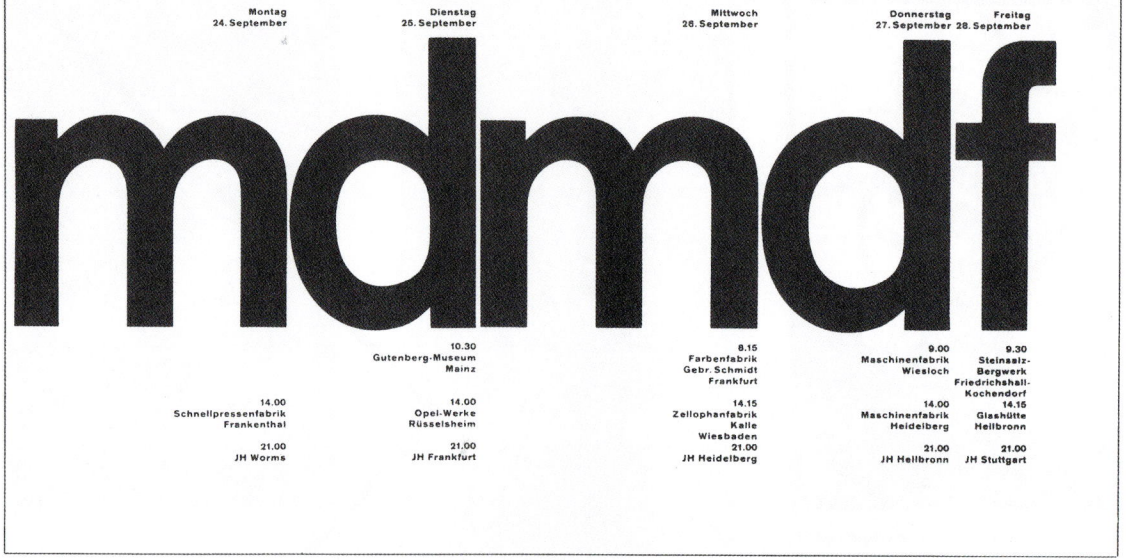

Emil Ruder, c. 1960

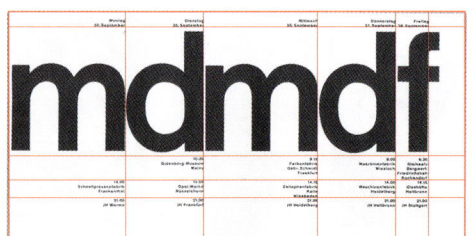

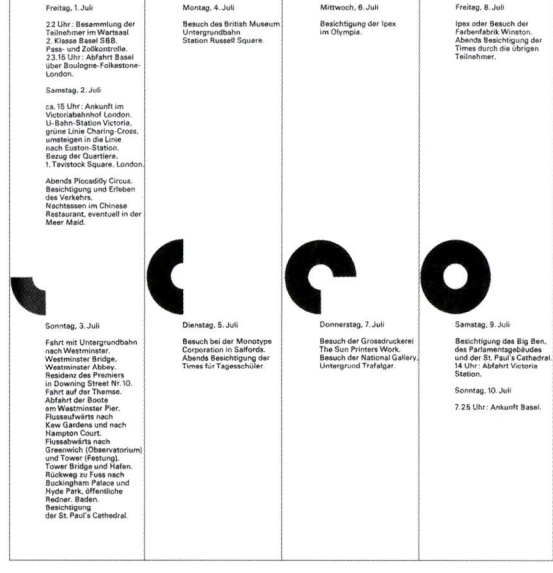

Emil Ruder, c. 1960

Rastersystem

Webseiten stellen ganz besondere Ansprüche an das Rasterdesign. Die Raster müssen besonders flexibel sein, weil sich die in ihnen erscheinenden Informationen ändern können, je nachdem, für was sich der Besucher einer Webseite interessiert. Fragen der Navigation und das Einberechnen verschieden großer Textmengen erschweren das Design zusätzlich. Dem Webauftritt von Vibrato liegt ein fünfspaltiges Raster zugrunde; gegliedert werden die Texte durch Spalten und farbige Flächen. Konstanten sind der Name Vibrato und die gelb unterlegte Navigationsleiste. Für Überschriften und wichtige Texte kann als Schriftfarbe rot genommen werden, weniger wichtige Texte können hellblau unterlegt werden.

Intersection Studio

Rastersystem, Miniskizzen

Die Beschäftigung mit Rastern bietet den Studenten die Gelegenheit, in einem vertrauten und geordnetem System mit horizontal orientierten Kompositionen zu experimentieren. Durch das Studium anderer Systeme haben sie bereits gelernt, wie man durch die Manipulation von Abständen Texturen und durch das Umbrechen von Zeilen Gruppierungen verändert, und wie man bewusst interessanten Weißraum erzeugt.

Ähnlich wie beim Axialsystem ist auch beim Rastersystem die Ausrichtung entscheidend. Allerdings gibt es hier nicht nur eine Achse. Bei zwei oder mehr Spalten gibt es auch mehr Varianten für die Ausrichtung der Texte und deren visuelle Beziehungen. Die Weißflächen und Texturblöcke sind durchwegs rechtecking, sodass die Proportionen der Flächen an Bedeutung gewinnen.

Anfangsphase
Zu Beginn der Arbeit mit dem Rastersystem greifen die Studenten auf ihre Erfahrungen mit dem Axialsystem zurück. Dadurch gehen ihnen schon die ersten Kompositionen recht leicht von der Hand, vor allem, wenn sie sich auf zweispaltige Raster beschränken.

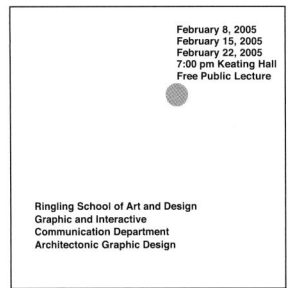 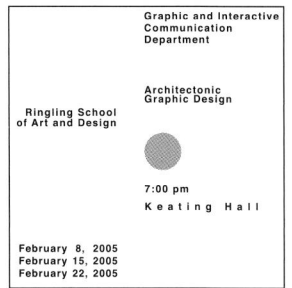

Zwischenphase
Beim Experimentieren mit gesperrten Wörtern und Zeilen ergeben sich Texturvariationen, durch die Textgruppen voneinander abgehoben werden können. Man kann Zeilen auch nach Belieben umbrechen, um schmale Spalten und intensive Beziehungen zwischen Textgruppen herzustellen.

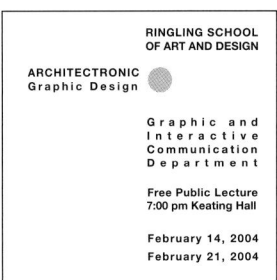 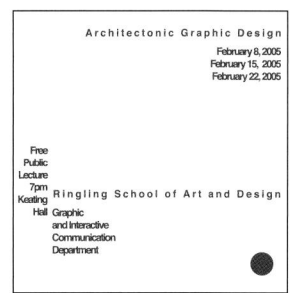

Fortgeschrittene Phase
Jetzt geht es darum, Flächen ganz bewusst interessant zu gestalten. Der Grafiker entwickelt ein Gespür für die Dramatik großer Weißflächen und kann den Textblock mit den drei Vortragsterminen ganz unterschiedlich rhythmisieren.

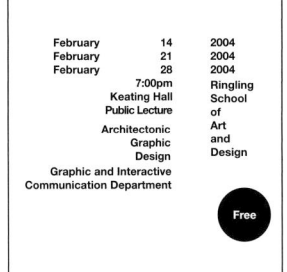 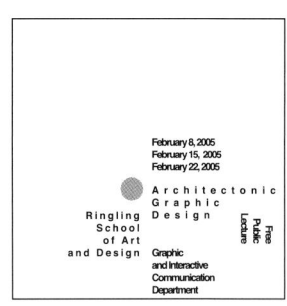

Rastersystem, Miniskizzen

Wenn Studenten sich im Kontext der in diesem Buch vorgestellten acht Systeme erst nach einiger Zeit mit Rasterkompositionen beschäftigen, produzieren sie erstaunlicherweise einfallsreichere und weniger vorhersehbare Entwürfe als wenn sie sich nur auf Rastersysteme beschränken (siehe K. Elam, *Gestaltungsraster*, Princeton Architectural Press, 2006). Anscheinend führt die Erfahrung mit einer Reihe anderer Systeme zu einem tieferen Verständnis für typografische Nuancen und größerer Sicherheit bei der Gestaltung.

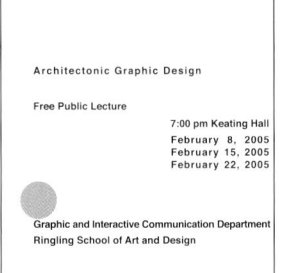
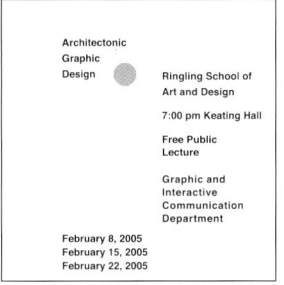
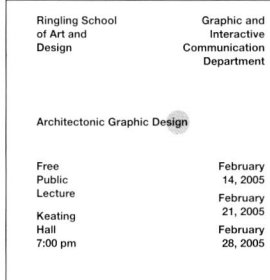
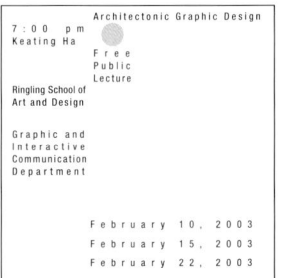

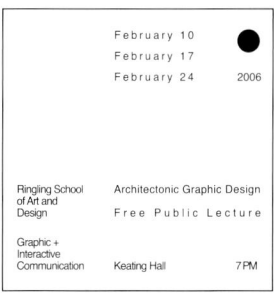

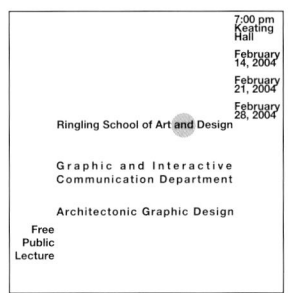
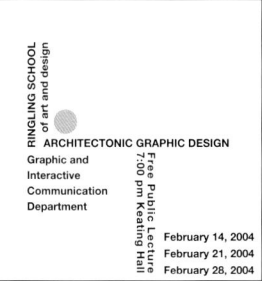

Rastersystem

Gruppen und Untergruppen
Variationen im Buchstaben- und Wortabstand führen zur Änderung der Textur und des Grauwerts. Bei dem Entwurf rechts stellt der Titel „architectonic graphic design" eine Textgruppe dar, die durch den Blocksatz die Form eines Rechtecks einnimmt. Untergruppen entstehen durch eine gesperrte Setzung der Wörter „graphic" und „design". Normale Laufweite erzeugt ein mittleres Grau, enge Laufweite ein dunkles und Sperren ein helles. Wenn man in einer Komposition verschiedene Grauwerte mischt, trägt dies zu ihrer Vielfalt bei. Die Strategie, durch typografische Variation in Gruppen Untergruppen zu bilden, wird in der vorliegenden Arbeit und in ähnlichen Kompositionen immer wieder verfolgt.

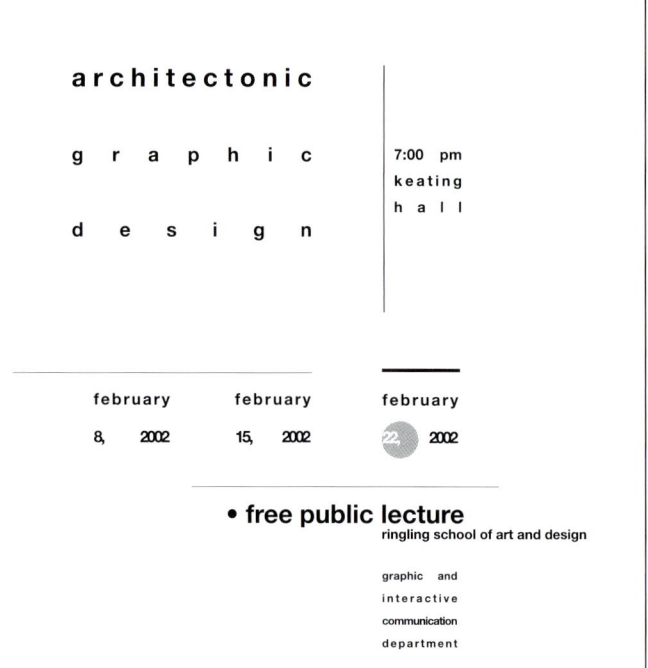

Bruce Kirkpatrick

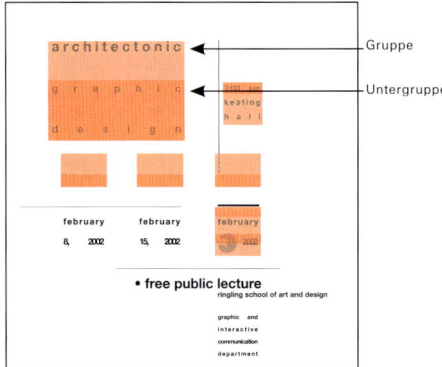

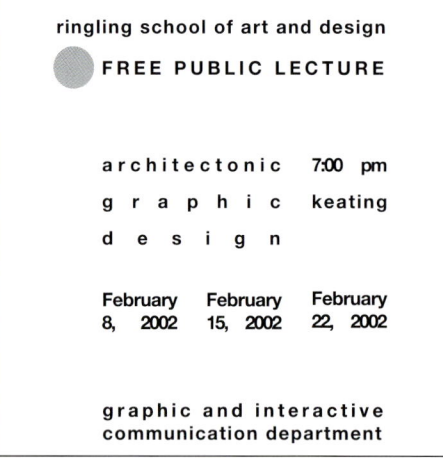

Bruce Kirkpatrick

Rastersystem

Grauwert
Bei allen Kompositionen auf dieser Seite dienen unterschiedliche Grauwerte als hierarchisches Leitsystem. Die selektive Verwendung von Schwarz in dem Entwurf rechts lenkt den Blick des Betrachters auf den Ort, die Uhrzeit und die Daten. Auch die durch die Ausrichtung der Texte entstehenden Leerflächen sind bewusst gesetzt. Kontrapunktisch zu den Textblöcken bieten drei große leere Rechtecke dem Auge Ruheflächen.

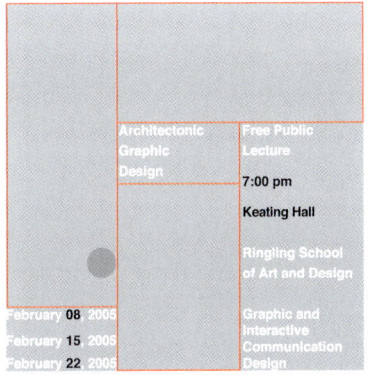
Mona Bagla

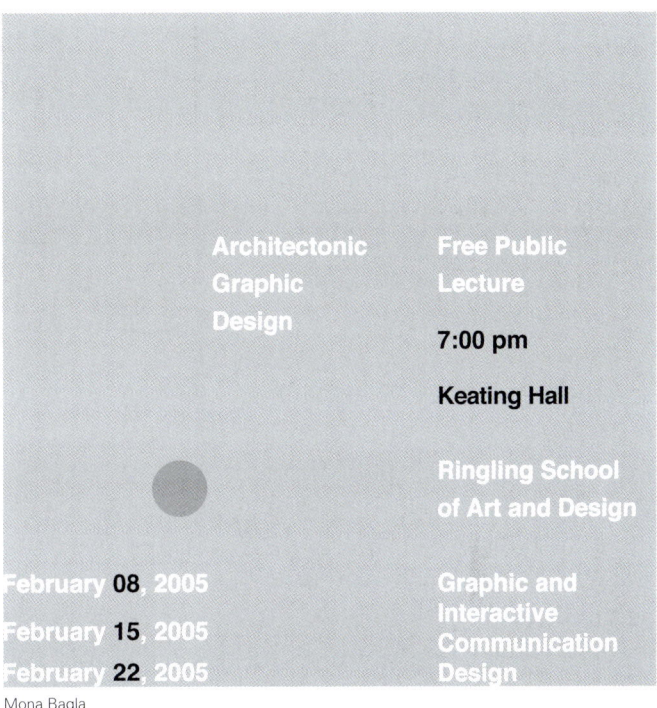
Mona Bagla

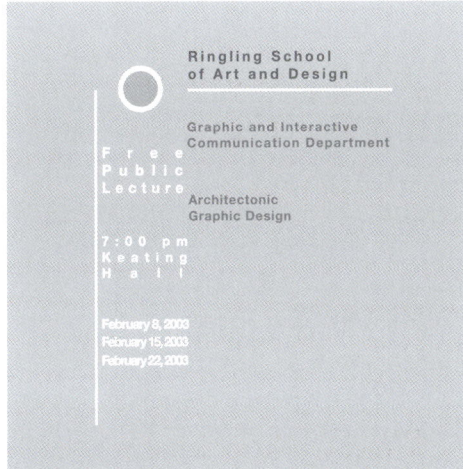
Laura Kate Jenkins

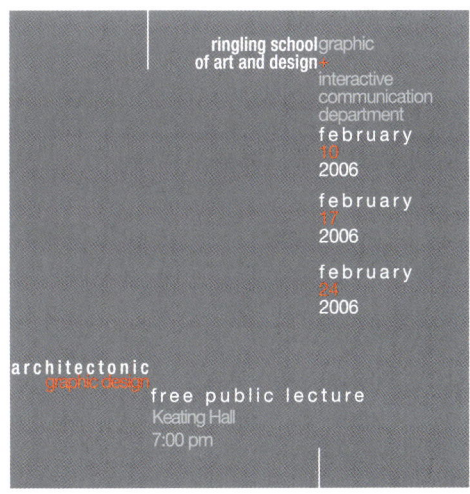
Phillip Clark

Rastersystem

Grauwert

Bei diesen Arbeiten haben wir es jeweils mit einfachen Rasterstrukturen und einem minimalen Einsatz grafischer Elemente zu tun, doch der Blick wird jedes Mal etwas anders gelenkt. Vereinfacht wird die Komposition durch die Zusammenfassung von Zeilen in Gruppen, welche durch unterschiedliche Grauwerte oder Farbe akzentuiert werden. Die Hierarchie der Gruppen wird durch ihre Position, Grauwerte und Leerflächen unterstrichen.

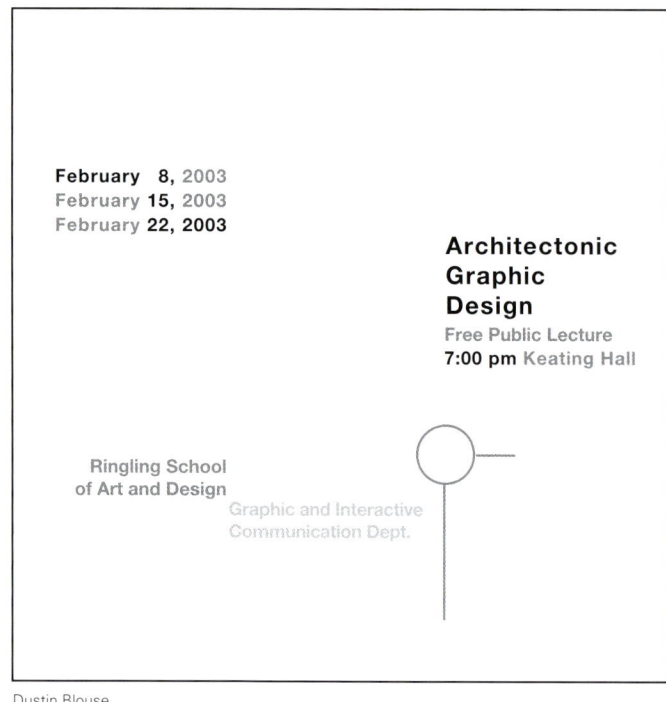

Dustin Blouse

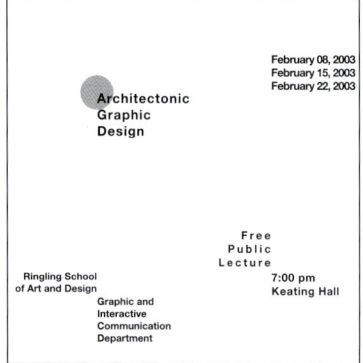

Studie mit nur einer Schriftgröße und Strichstärke für die Komposition rechts oben

Trish Tatman

Lara Carvalho

Rastersystem

Rhythmus und Richtung
Die grau abgestuften Balkengruppen in der Arbeit rechts oben dienen einem doppelten Zweck: Sie definieren die linke und die mittlere Spalte, und sie lenken durch Rhythmus und Bewegung den Blick sachte zur Mitte des Blattes. Flächen – auch die rechteckigen Leerflächen – sind klar definiert. Die Entwürfe unten bedienen sich einer ähnlichen Strategie, um Rhythmus in die Komposition zu bringen und den Titel zu betonen.

Casey Diehl

Casey Diehl

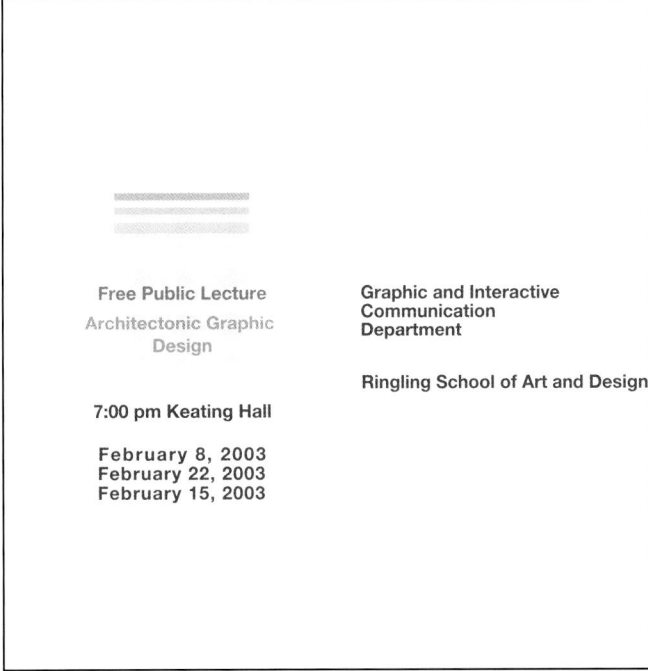

Casey Diehl

Rastersystem

Beschnittenes Format
Bei der Abbildung rechts wurde die schwarze Umrisslinie des Blattes absichtlich weggelassen; nur die rechte untere Ecke ist angedeutet. Der weiße Hintergrund dringt so in die Fläche ein und wird Teil der Komposition. Die Idee, Texte und einige wenige grafische Elemente frei im Raum schweben zu lassen, ist ähnlich reizvoll wie das Weglassen einer Ecke in dem Entwurf unten, wo sich ein Viertelkreis ins Blatt gefressen hat.

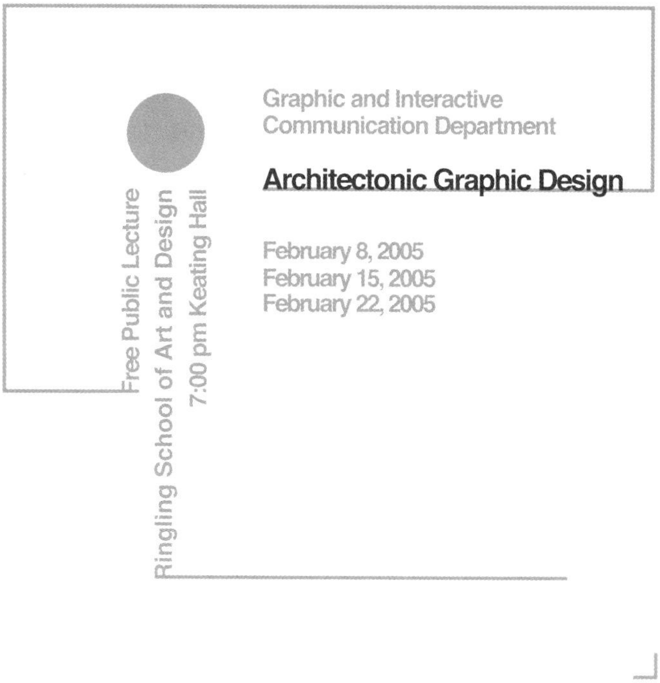

Christian Andersen

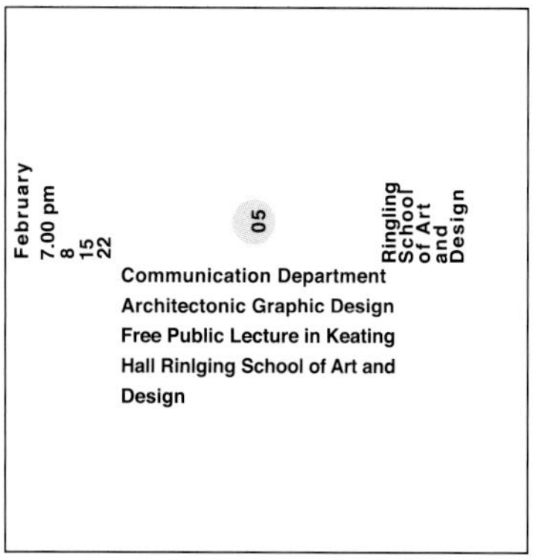

Studie mit nur einer Schriftgröße und Strichstärke für die Komposition rechts unten

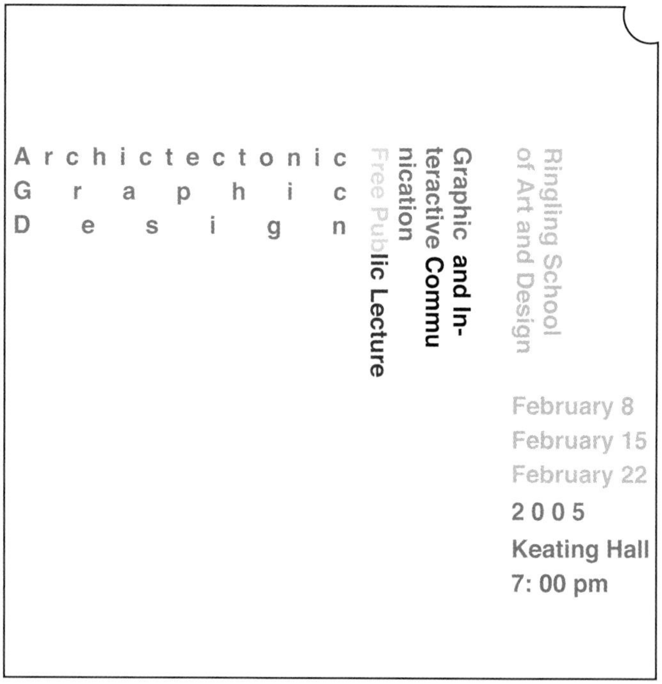

Eva Bodok

Rastersystem

Horizontal/Vertikal

Das Reizvolle an diesen Kompositionen ist die Kombination horizontaler Textzeilen mit vertikalen. In dem Entwurf rechts fungieren die Zeilen als Strukturelemente, die einerseits Information vermitteln, andererseits Bewegung schaffen. Die lange horizontale Einzelzeile, auf der die Daten rot hervorgehoben sind, dient auch dazu, die Textgruppen zu trennen. In dem Layout rechts unten entsteht durch die Aufteilung des Textes in zwei Gruppen eine einfache und effektive Rasterstruktur.

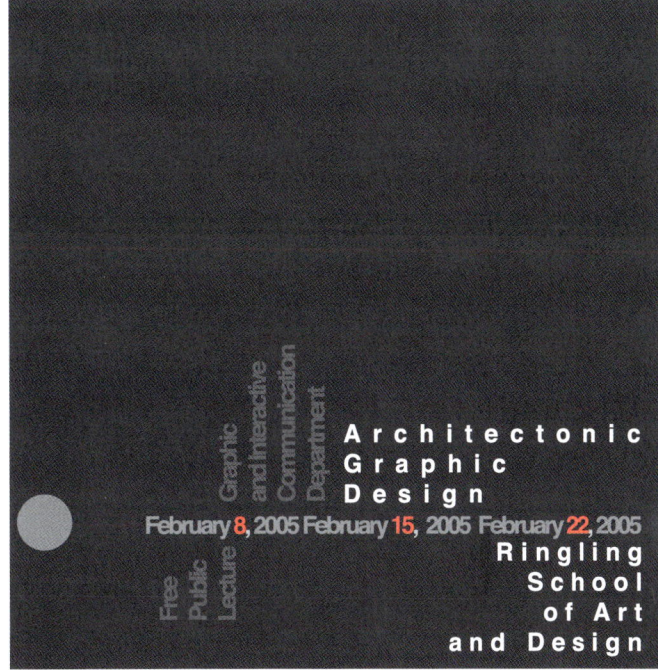

Elizabeth Centolella

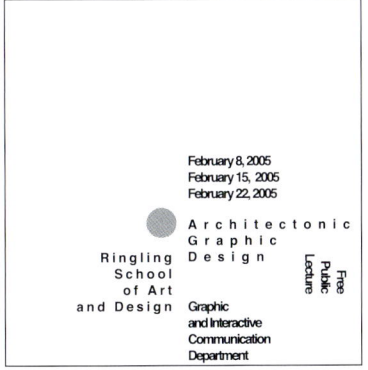

Studie mit nur einer Schriftgröße und Strichstärke für die Komposition rechts oben

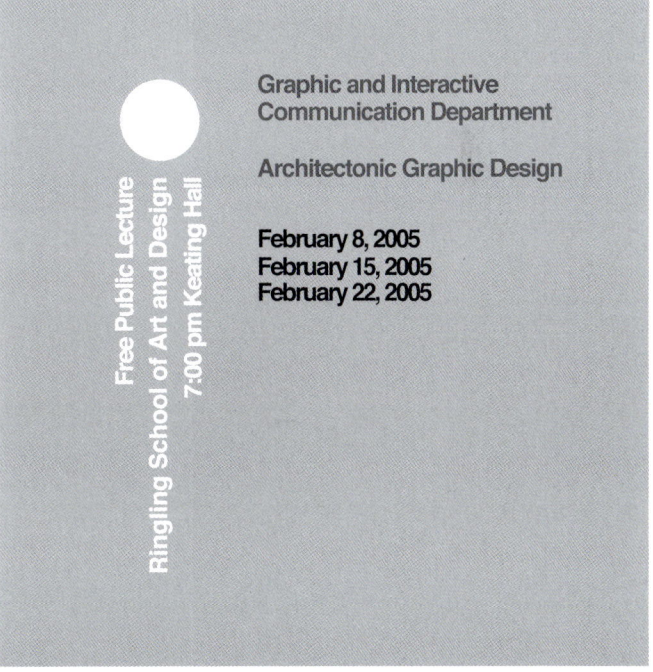

Christian Andersen

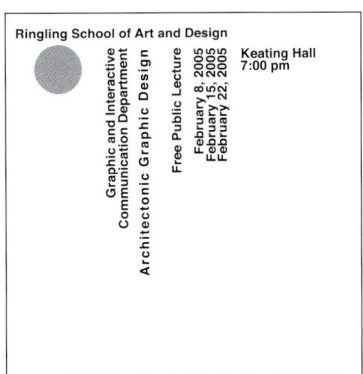

Studie mit nur einer Schriftgröße und Strichstärke für die Komposition rechts unten

Rastersystem

Grafikbetonte Struktur

In diesen Arbeiten erzeugen grafische Elemente eine die typografische Anordnung ergänzende stabile Struktur. Der Raster für den Entwurf rechts ist recht komplex mit zwölf Feldern in drei Spalten. Es wirkt jedoch trotzdem übersichtlich, da nur die horizontalen Felder visuell betont werden. Die spaltenübergreifenden langen Textzeilen, das quer liegende weiße Rechteck oben und die beiden schmalen weißen Balken unten verstärken die horizontale Dynamik, mit der die linksbündige Ausrichtung der Texte kontrastiert. So wird der Blick sowohl nach unten als auch nach rechts gezogen. Auch die Arbeit rechts unten verbindet stark betonte horizontale Felder mit einer vertikalen Bewegung, die durch die linksbündige Ausrichtung der Texte in den beiden Spalten entsteht.

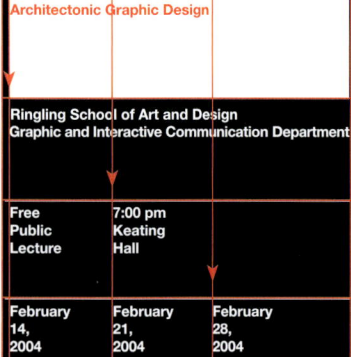

Mike Plymale

Trish Tatman

Rastersystem

Grafikbetonte Strukturen

In dieser Entwurfsserie erzeugen grafische Elemente eine starke vertikale oder horizontale Dynamik. In den beiden großen Kompositionen rechts ist die Platzierung der Texte nahezu identisch, aber aufgrund der unterschiedlichen Richtung der roten bzw. schwarzen Linien wirkt der untere Entwurf völlig anders als der obere. Oben sind die senkrechten Spalten betont, unten die waagerechten visuellen Felder, wobei der oben noch zweizeilige Vortragstitel unten auf eine Zeile gestellt wird, um die Horizontale zu betonen.

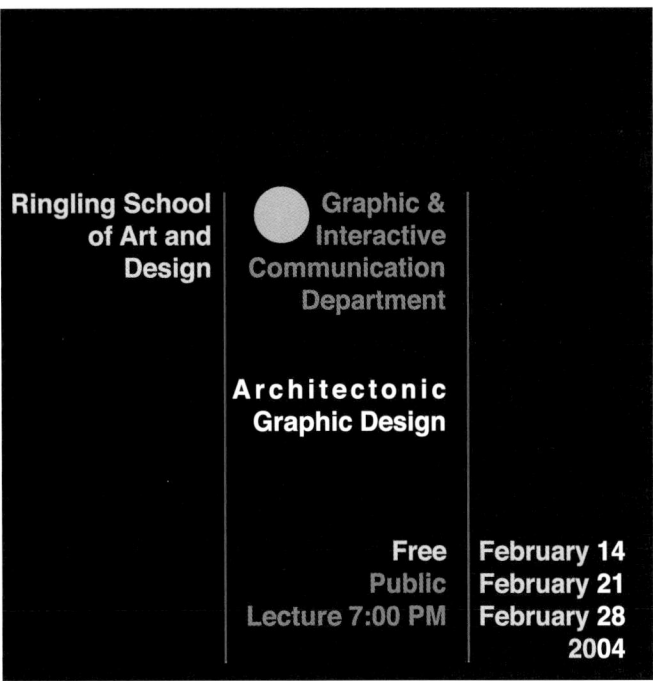

Sarah Al-wassia

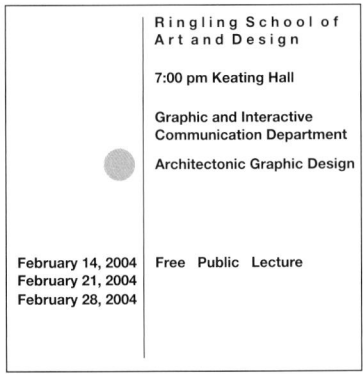

Studie mit nur einer Schriftgröße und Strichstärke für die Kompositionen rechts

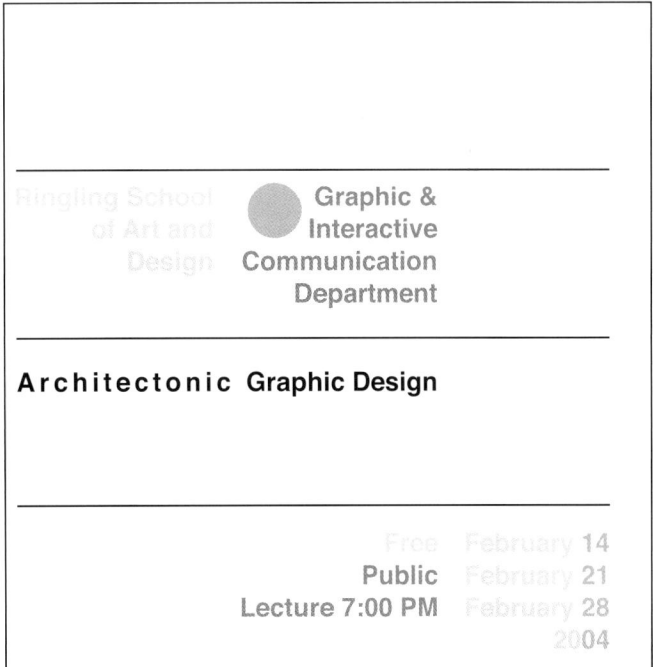

Rastersystem

Transparente Struktur
Bei diesen Rastern werden die Spalten und visuellen Felder durch transparente Strukturen definiert. In den beiden Arbeiten rechts bilden graue Felder die Spalten. Darübergelegte transparente horizontale Felder definieren Textgruppen oder dienen der Betonung. Insgesamt entsteht eine das Format deutlich gliedernde Rasterstruktur. Eine andere Strategie sieht man unten links, wo der rote quadratische Rahmen eine Art transparentes Fenster bildet und das Wort „Architectonic" betont.

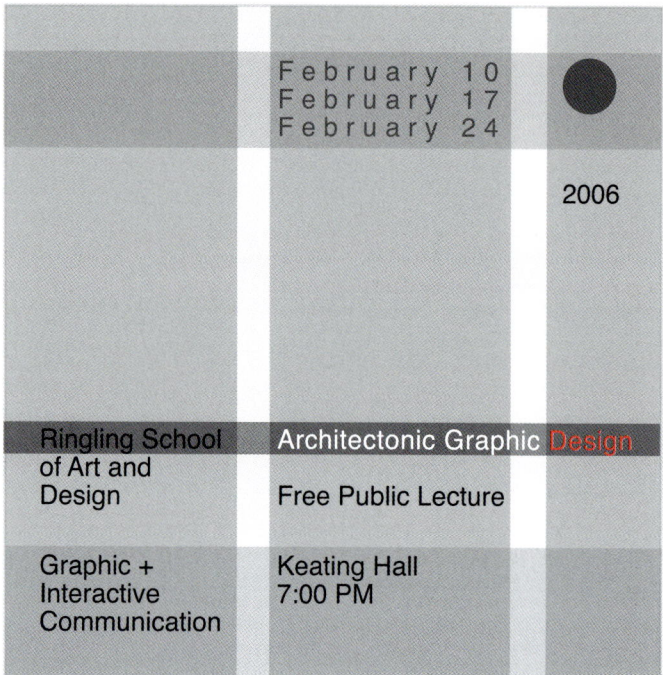

Alex Evans

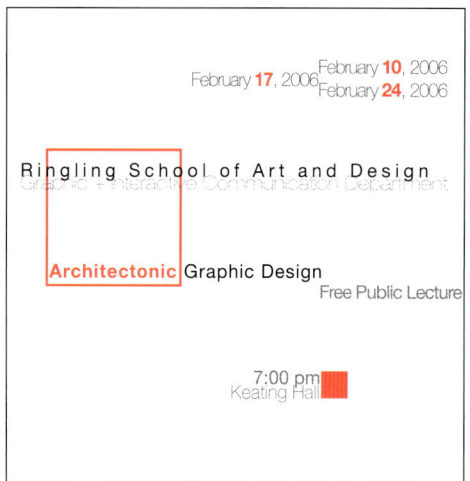

Amanda Clark

Mona Bagla

Rastersystem

Transparente Struktur

Der Entwurf rechts zeigt, wie sich durch die Überlagerung unterschiedlicher transparenter Grautöne zarte und visuell reizvolle Wirkungen erzielen lassen. Jede Textgruppe befindet sich in einem aus Grautönen geschaffenen Rechteck. Die Komposition erinnert an eine architektonische Struktur. Den feinen Abstufungen der Grauwerte entsprechen die ebenfalls feinen Strichstärken und kleinen Schriftgrade des Textes. Auch im Layout rechts unten verdeutlichen transparente Felder die grundlegende Struktur. Die texthaltigen Spalten links und rechts bestehen aus transparenten senkrechten Flächen, während waagerechte Ebenen visuelle Felder ergeben. An einer Stelle überlagern mehrere horizontale transparente Ebenen und eine vertikale einen Kreis.

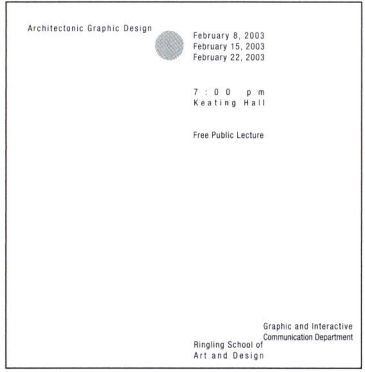

Studie mit einer einzigen Schriftgröße und Strichstärke für die Komposition rechts oben

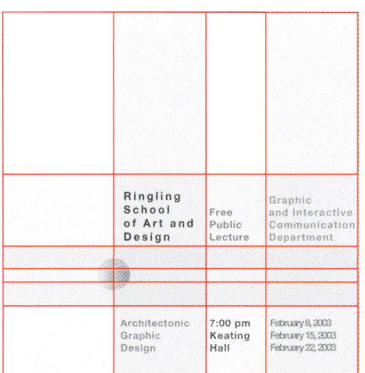

Loni Diep

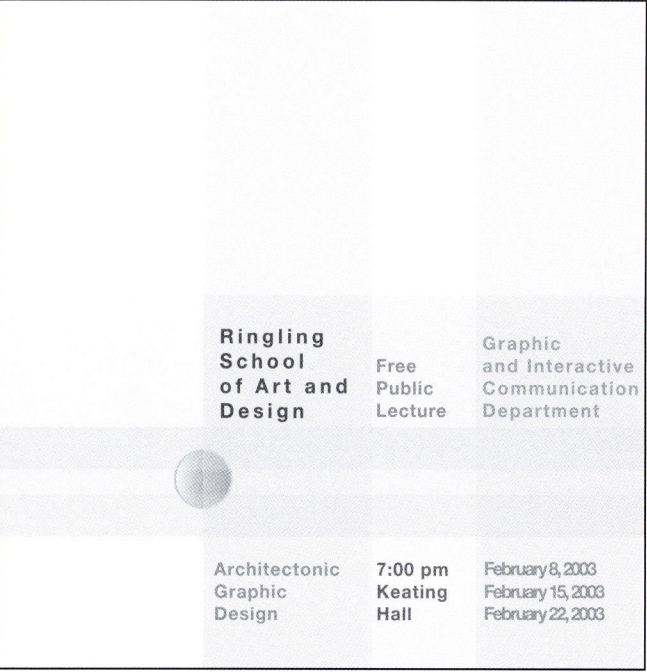

Laura Kate Jenkins

6. Informelles System

Design mit verschobenen und übereinander gelagerten Elementen

RINGLING SCHOOL OF ART AND DESIGN
Graphic and Interactive
Communication Department
Architectonic
Graphic Design
Free Public Lecture
7:00 pm Keating Hall
February 14, 2004
February 21, 2004
February 28, 2004

Informelles System, Einleitung

Im informellen System werden Elemente nach Belieben übereinander gelagert und verschoben. Keine Achse, keine links- oder rechtsbündige Ausrichtung hilft die Beziehungen zwischen den Elementen zu ordnen, die sich in jede Richtung frei bewegen können. Geometrisch verankerte strenge Wechselbeziehungen sind hier – anders als beim Rastersystem – unerwünscht. Textzeilen dürfen frei fließen, und die dabei entstehenden Texturen tragen dazu bei, die Botschaft zu ordnen. In der Natur finden wir solche Strukturen beispielsweise bei geologischen Gesteinsschichten oder bei Holzstapeln.

Bei großen Zeilenabständen entstehen luftige Kompositionen, bei kleinen werden die Weißflächen betont. Oft erinnern die Entwürfe an Kunstwerke, insbesondere an Landschaftsbilder, vor allem, wenn ein Kreiselement als Sonne oder Mond interpretiert werden kann.

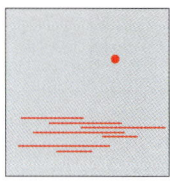

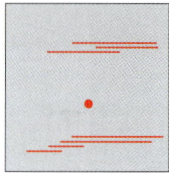

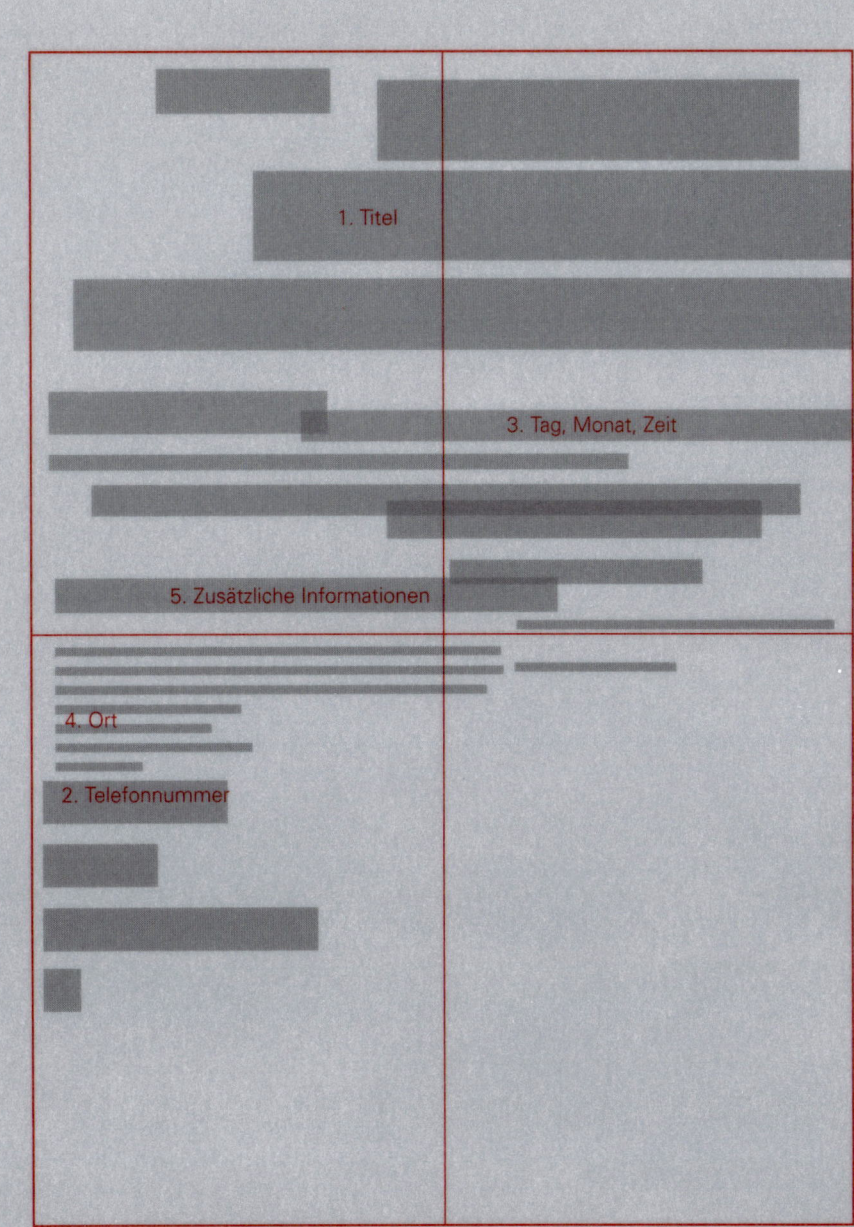

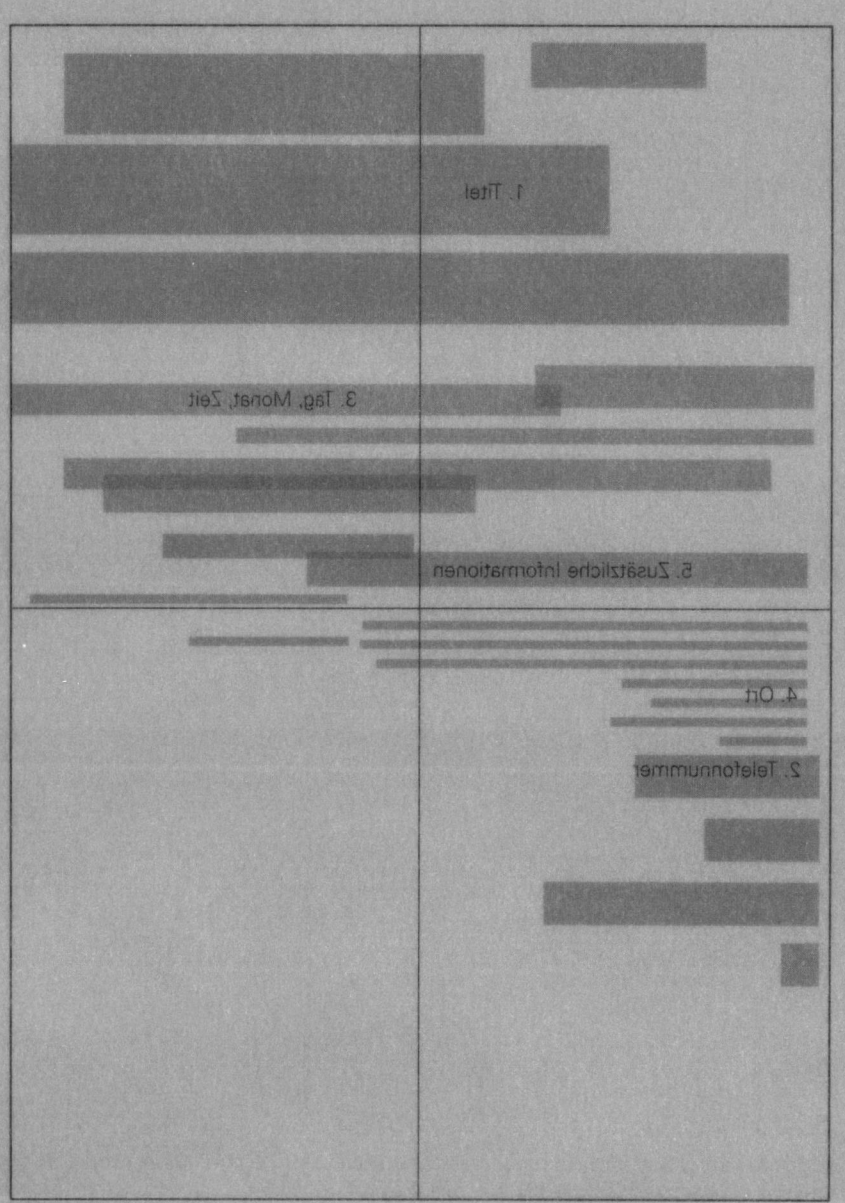

Informelles System

David Carson hat sich nie an Traditionen und traditionelle Arbeitsweisen gehalten. Er will den Betrachter veranlassen, sich auf die Ästhetik einer Botschaft ebenso einzulassen wie auf diese selbst. Seine charakteristische visuelle Sprache bedient sich oft eines informellen Systems, das sich durch fließende Kompositionen und die Schichtung von Text auszeichnet. Aber auch in diesem zwanglosen Stil gibt es eine Ordnung. Bei dem „End of Print"-Plakat ist der Text nach Größe, Farbe und Schriftart gruppiert.

Der Titel springt dem Betrachter mit großen dunkelgrünen Buchstaben entgegen. Monat, Tag und Uhrzeit der Präsentation sind vorwiegend in Konturenschrift gesetzt, wobei das Datum und die Zeit mit dunkelgrüner Farbe gefüllt sind. Zusätzliche Informationen erscheinen in kleineren Schriftgrößen, wobei Wichtigeres in normaler Laufweite und weniger wichtige Details gesperrt gesetzt sind. Das Ergebnis ist eine hinsichtlich Textur und Fläche genau kalkulierte Collage.

David Carson, 1996

Informelles System

Anlässlich der Eröffnung einer David-Carson-Ausstellung in Bern gestaltete der Grafiker die auf diesen beiden Seiten wiedergegeben informellen Arbeiten für die Schweizer Zeitung *Die Weltwoche*. Es handelt sich um Collagen mit Schriftarten und Texturen, die den Blick quer über das Blatt und durch den Text nach unten führen. Kursivschrift betont die horizontale Bewegung. Normal gesetzter Text und der Punkt des Ausrufungszeichens lassen den Blick zwischendurch zur Ruhe kommen.

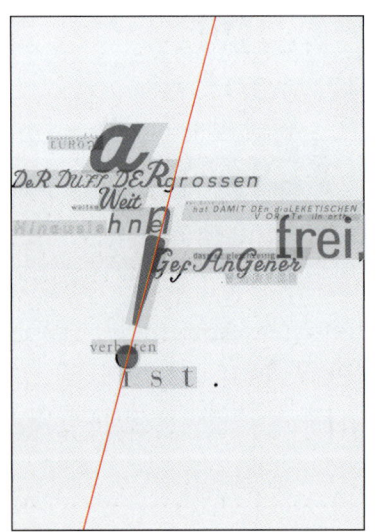

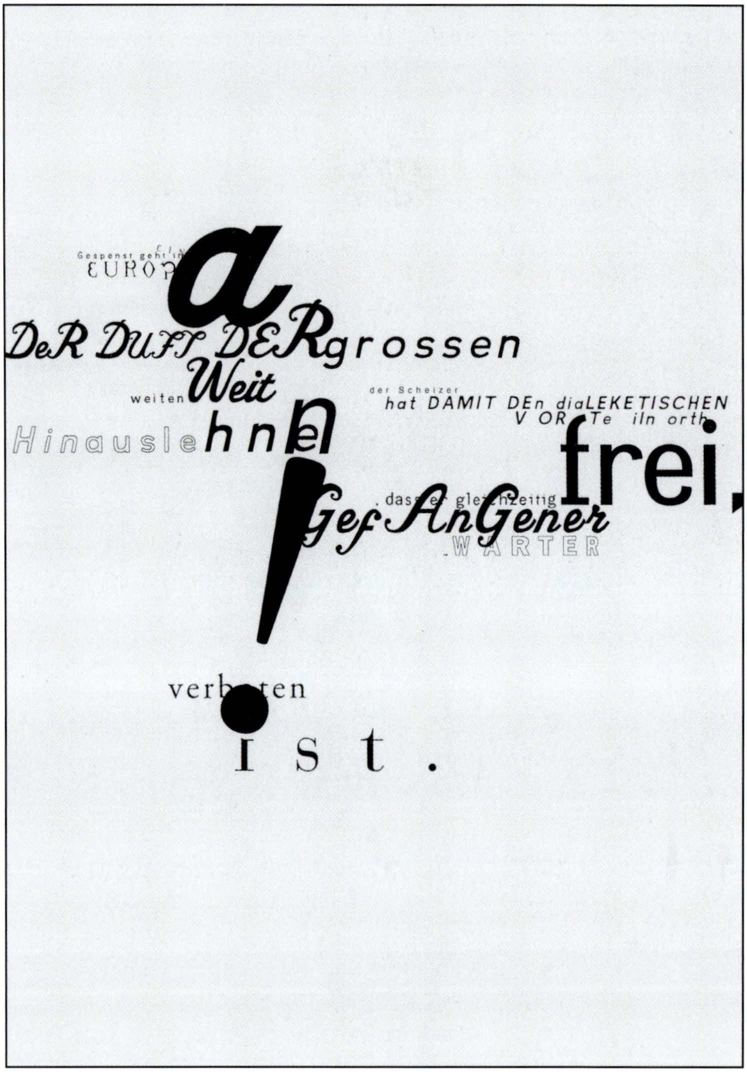

David Carson, 1997

Informelles System, Miniskizzen

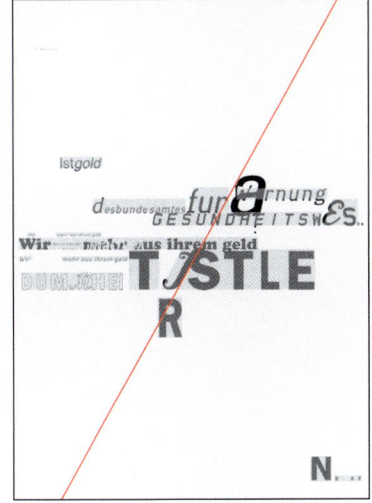

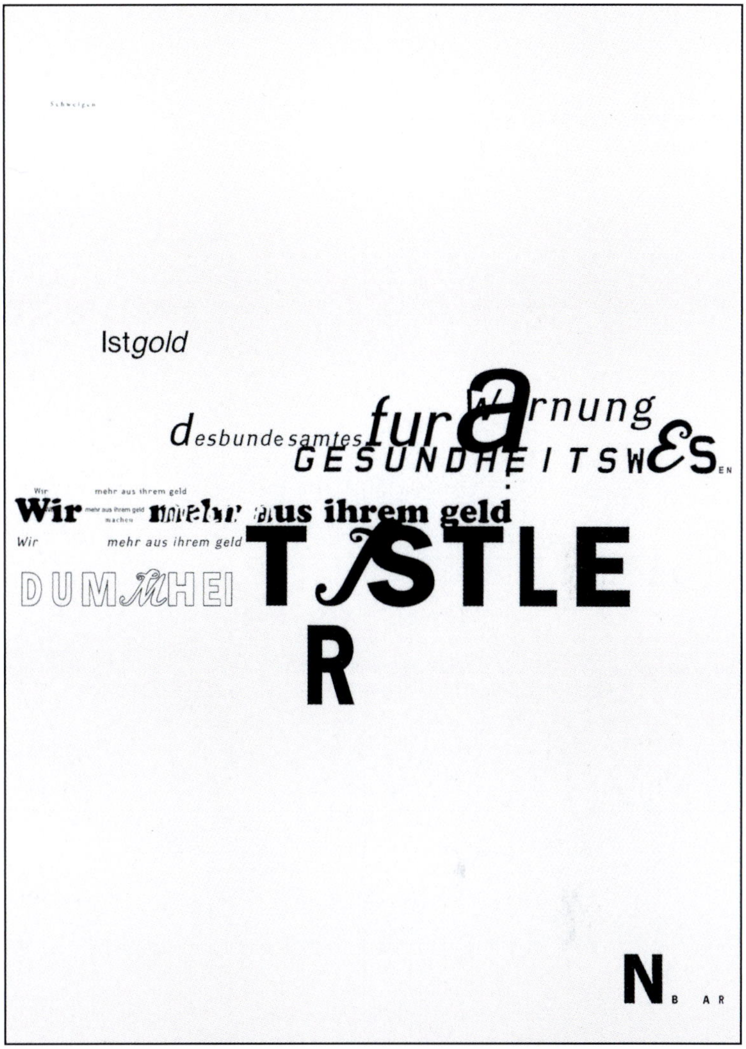

Informelles System, Miniskizzen

Das informelle System ist das zwangloseste von allen Systemen, da sich kein Element an irgendeiner Achse orientieren muss. Freie Elemente in fließender Bewegung sind ein Hauptmerkmal dieses Systems. Für viele Designer ist es gar nicht so einfach, sich von der Gewohnheit zu lösen, Beziehungen zwischen den Elementen durch deren Ausrichtung zu definieren. Im informellen System entstehen stattdessen Beziehungen zwischen Texturen unterschiedlicher Form und Dichte.

Das Schöne an diesem System ist seine natürliche Asymmetrie. Wenn man Textzeilen über das Blatt fließen lässt, erzeugt man Texturen und Weißflächen und kann durch die Zusammenfassung von Zeilen zu Gruppen dichtere dunkle

Anfangsphase
Zunächst müssen sich die Studenten an die Freiheit gewöhnen, Zeilen ganz beliebig platzieren zu dürfen.

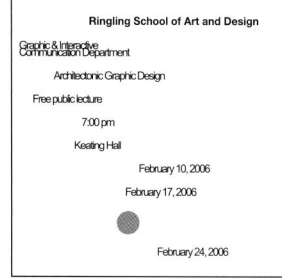
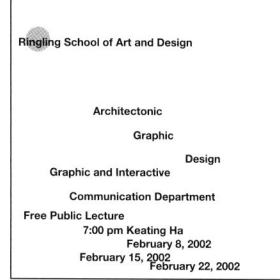

Zwischenphase
Jetzt werden die freie Gruppenbildung und der Textfluss auf dem Blatt genau bedacht. Durch unterschiedliche Zeilenabstände und Laufweiten entstehen kontrastierende hellere und dunklere Texturen für Einzelzeilen und Zeilengruppen.

Fortgeschrittene Phase
Hier geht es vor allem darum, ein Gespür für Textur und Weißraum zu entwickeln. Richtig interessant wird es, wenn die Proportionen sich massiv zu Gunsten des Weißraums verschieben.

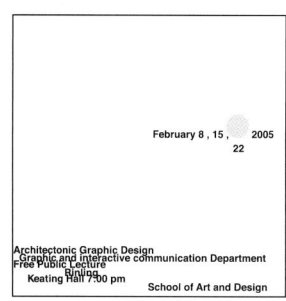
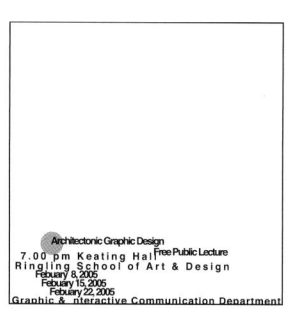

Informelles System, Miniskizzen

oder luftigere helle Stellen schaffen. Zeilengruppen können durch verschiedene Zeilenabstände und Laufweiten – beides verändert die Textur – getrennt und unterschieden werden. Eine sehr dichte Textur beeinträchtigt die Lesbarkeit der Botschaft, aber bei sorgfältig überlegter Wahl von Grauwert und Platzierung der Texte wird die Kommunikation funktionieren.

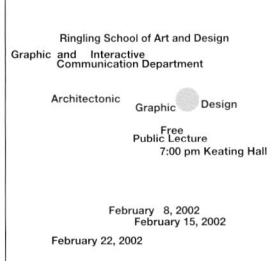
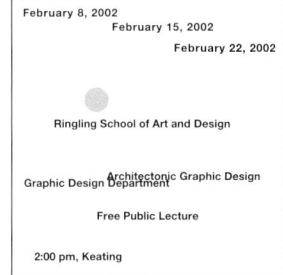
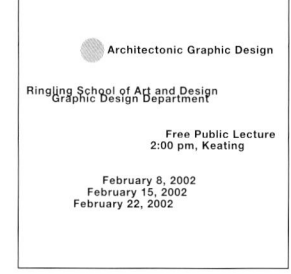
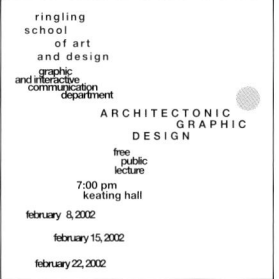

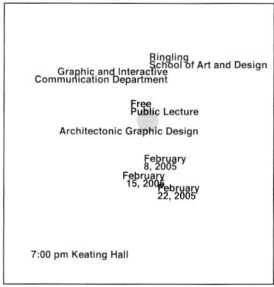

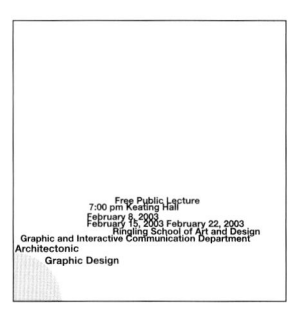
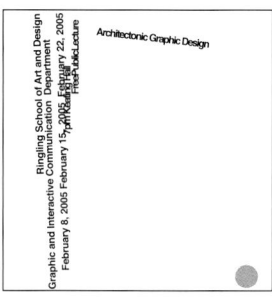

Informelles System

Bewegung

Ein hervorstechendes Merkmal des informellen Systems ist seine Dynamik. Da es keine vertikalen Achsen gibt, die visuelle Ruhezonen schaffen, wirkt der Text, als wäre er in Bewegung. Dieser dynamische Eindruck wird noch verstärkt, wenn Balken oder Zeilen über den rechten oder linken Blattrand hinauslaufen.

Gestützt auf ihre Erfahrung mit Gruppenbildung in anderen Systemen können die Studenten jetzt im informellen System Zeilengruppen logisch anordnen und durch Nähe Zusammenhang ausdrücken. Die Bedeutung der Botschaft wird durch eine natürliche Lesereihefolge vermittelt, und Gruppen können durch ihre Platzierung oder Unterschiede im Grauwert gekennzeichnet werden.

In dem Entwurf oben rechts betont die dünne weiße Linie, die in das Blatt eindringt und an dem winzigen Kreis haftet, eine Bewegung zum rechten Rand. Die Textzeilen über und unter der Linie setzen diese Bewegung fort. Im Layout unten rechts verstärken treppenartig gestufte Balken, die sich aus den Textgruppen lösen oder sie unterlegen, den Eindruck der Bewegung.

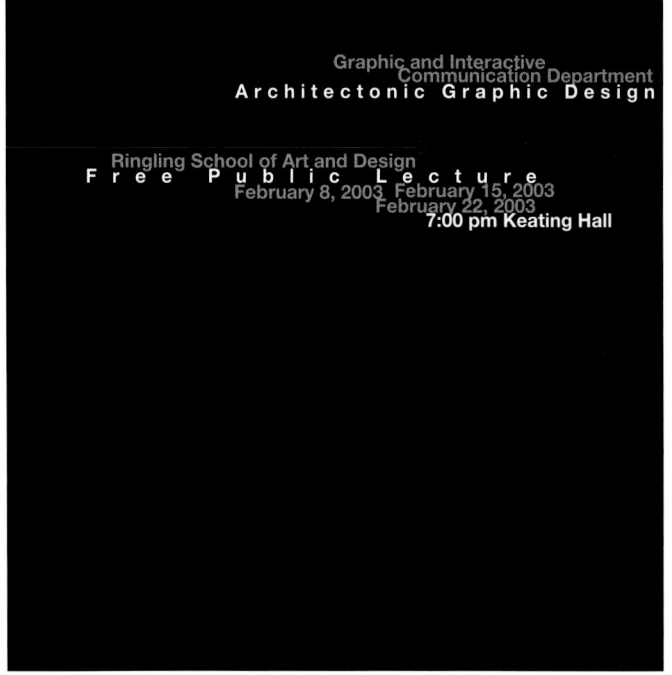

Lawrie Talansky

Lawrie Talansky

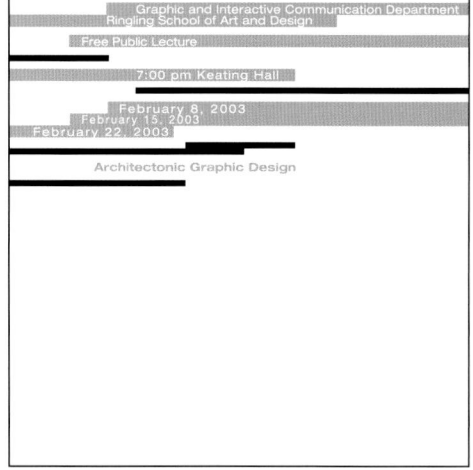

Loni Diep

Informelles System

Bewegung

Der Eindruck der Bewegung kann durch grafische Elemente noch verstärkt werden. Durch die keilförmigen Flächen in den Kompositionen rechts oben und rechts unten entstehen Diagonalen, deren Gefälle die Zeilen folgen. Links unten handelt es sich eher um ein Vibrieren: Durch die mehrfache Wiederholung des Textes entsteht im Hintergrund eine hellgraue Textur, von der sich die schwarz geschriebene Botschaft abhebt.

Pushpita Saha

Mei Suwaid

Rebekah Wilkins

Informelles System

Richtungswechsel

Bei Übungen mit dem informellen System entstehen oft unerwartete Beziehungen. Bei den Entwürfen auf dieser Doppelseite laufen manche Zeilen erwartungsgemäß horizontal von links nach rechts, andere aber auch vertikal nach unten oder nach oben. In der Komposition rechts ist der Gegensatz sehr auffällig, da der Blick am Ende der horizontalen Zeilen abrupt abgebremst wird. Bei den beiden Arbeiten unten wirkt der Richtungswechsel weniger stark: In der Vorstudie links laufen zwei etwa gleich große Zeilengruppen in verschiedene Richtung, doch der Gegensatz ist noch nicht überzeugend. Bei dem späteren Entwurf setzt der Grafiker mit einer einzelnen vertikale Zeile einen betonten Kontrapunkt.

Anthony Orsa

Studie mit nur einer Schriftgröße und Strichstärke für die Komposition rechts unten

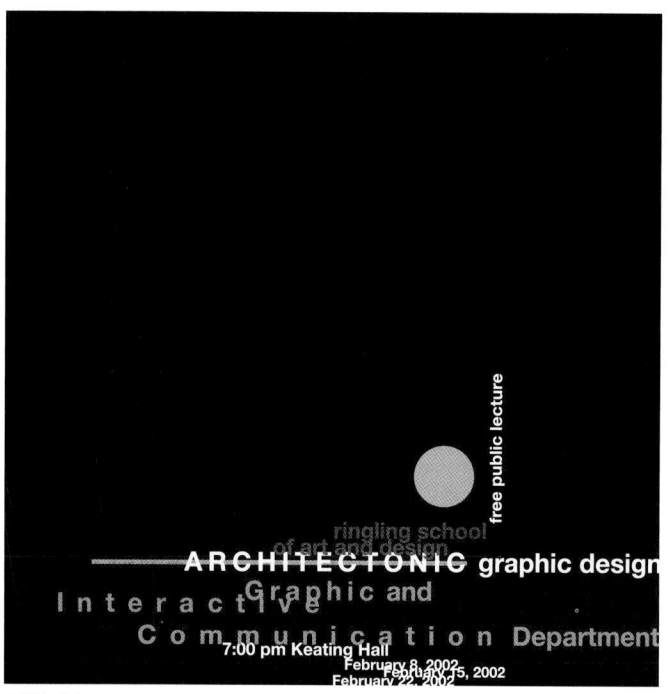

Jeff Bucholtz

Informelles System

Richtungswechsel

Bei diesen Kompositionen kontrastieren sowohl die Richtungen des Texts als auch seine Texturen. Einer einzelnen oder einigen wenigen Zeilen stehen größere Textmengen gegenüber. In dem Entwurf rechts betont der große Weißraum um die horizontale Einzelzeile den Titel nachdrücklich. Auch die beiden Layouts unten arbeiten mit großen Leerflächen. Die gesperrt gedruckten vertikalen Zeilen erhöhen noch den Kontrast zu der dichteren Textur der horizontalen Zeilengruppen.

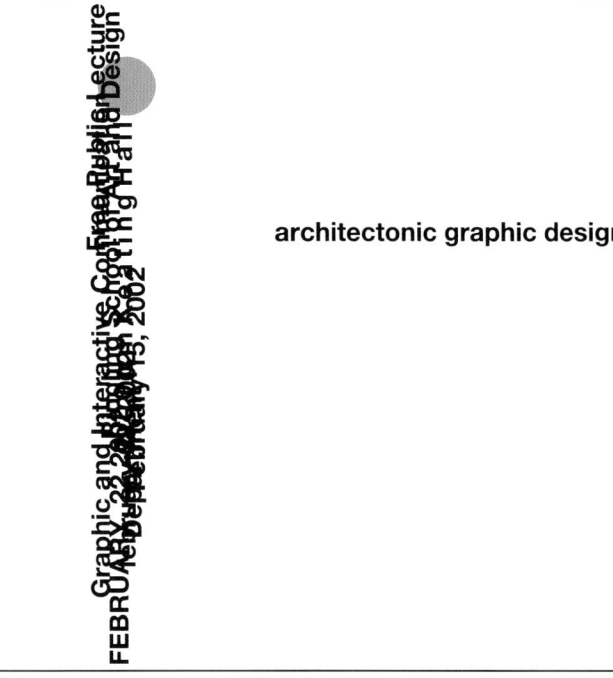

Noah Rusnock

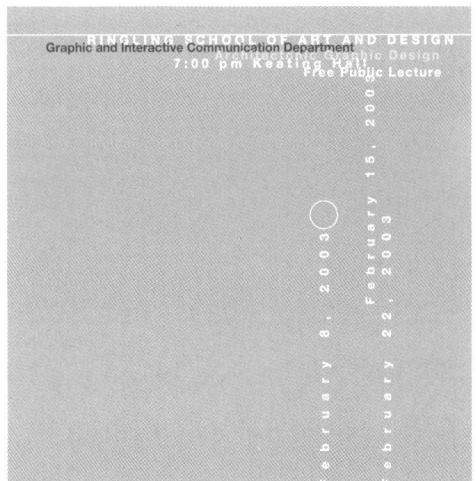

Pushpita Saha

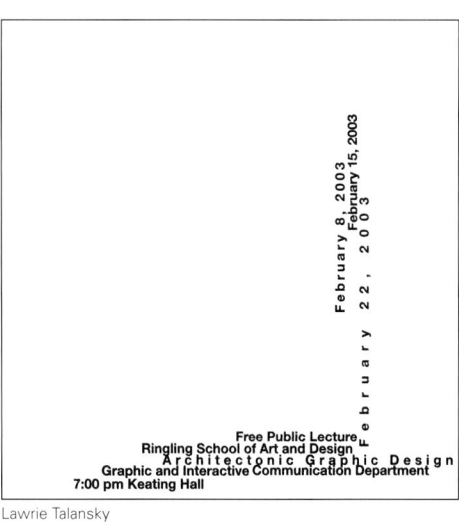

Lawrie Talansky

Informelles System

Grafische Elemente
Gezielt eingesetzt können grafische Elemente informelle Kompositionen lebendiger und komplexer machen. Balken oder Rechtecke können Text unterlegen, oder man kann mit ihnen eine Textur für den Hintergrund erzeugen.

In der Komposition rechts liegt jede Textzeile am unteren Rand einer transparente Ebene, die von oben ins Blatt dringt. Diese vertikalen Ebenen überlagern einander. Im Entwurf links unten hebt ein einzelner schwarzer Balken den Namen der Abteilung hervor, während weiter unten mehrere Balken der Schrift als Hintergrund dienen. Im Layout rechts unten entsteht aus mehreren sich überlagernden Balken eine Textur als Hintergrund für den Text.

Alex Evans

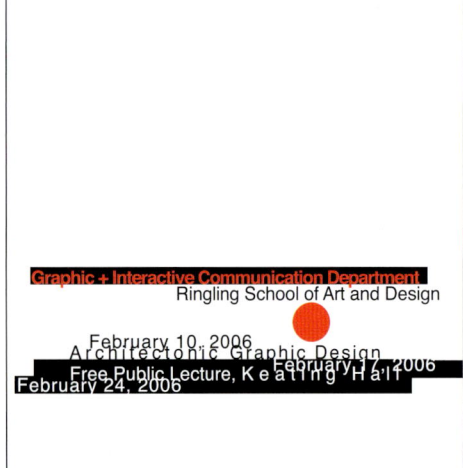

Michael Johnston

Willie Diaz

Informelles System

Grafische Elemente

Auch bei diesen Kompositionen setzt der Grafiker mehrere Balken als Hintergrund zur Hervorhebung von Textzeilen ein. Der Kreis ist jeweils das Bindeglied zwischen den beiden Gruppen von Balken, die hier aufeinandertreffen. Das Layout ist auch ohne die Schrift überzeugend.

Phillip Clark

Studie mit grafischen Elementen für die Komposition rechts oben

Informelles System

Diagonalen
Da das informelle System viel mit Bewegung zu tun hat, ist es naheliegend, die Diagonale als dynamischste Richtung einzusetzen. Der Reiz der Diagonalkomposition rechts oben liegt in ihrer fließenden Schlichtheit und im zurückhaltenden Umgang mit Grauwertschattierungen. Der weiße Kreis bietet einen Einstieg in den Text. Die unterschiedlichen Grauwerte betonen die zwei wichtigsten Zeilen und schaffen so eine Hierarchie. Im Entwurf unten rechts wird die Bewegung durch die über den Rand hinausgehenden Linien unterstrichen. Durch die Staffelung der Zeilen in Gruppen scheint der ganze Text in Bewegung zu sein.

Casey Diehl

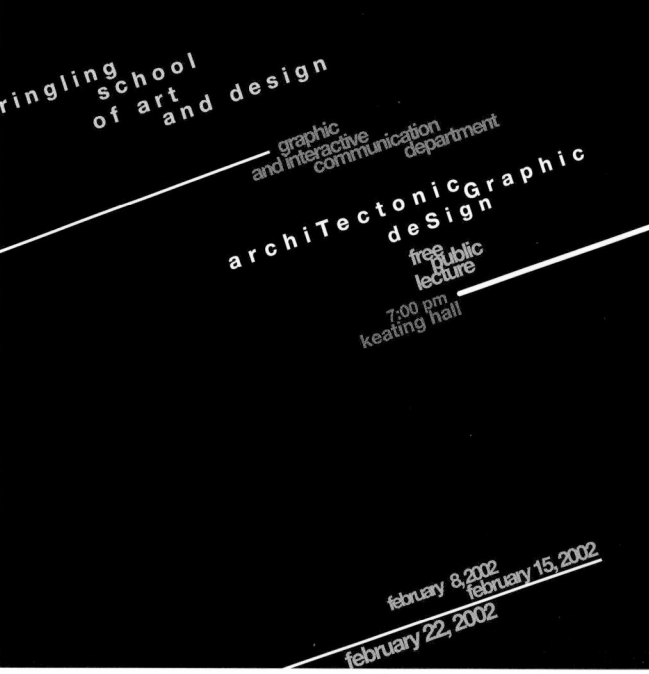

Jorge Lamora

Informelles System

Bildsprache

Die Grafikerin, von der die vier Entwürfe auf dieser Seite stammen, hat aus den Regeln und typischen Merkmalen des informellen Systems schon eine eigene Bildsprache entwickelt. In allen vier Arbeiten sind die Weißflächen großzügig bemessen als Teil einer dynamisch-bewegten Bildsprache, bei der die Textzeilen so in die Komposition eingebracht werden, dass sie Felder mit dunkleren Grauwerten berühren oder in sie einfließen.

Loni Diep

Studien mit einer einzigen Schriftgröße und Strichstärke für die Kompositionen rechts

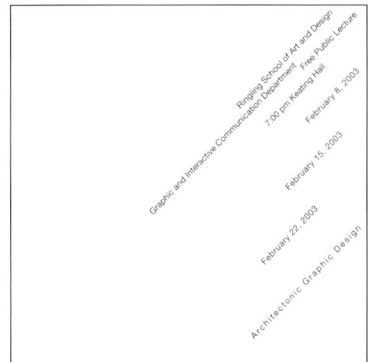

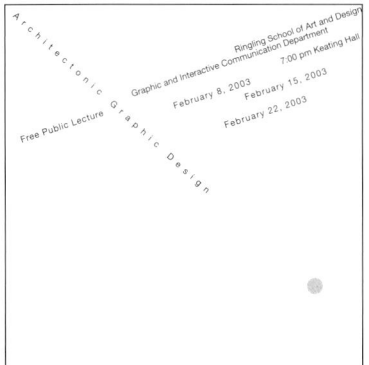

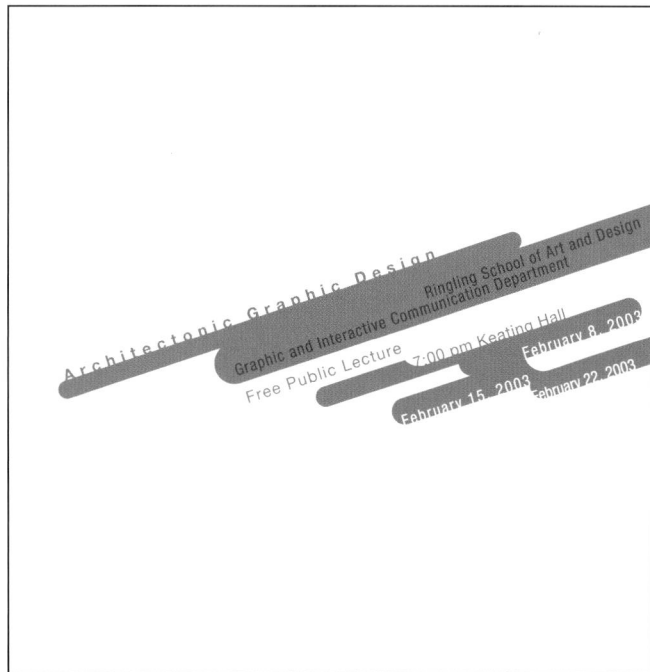

7. Modularsystem

Design mit standardisierten Einheiten

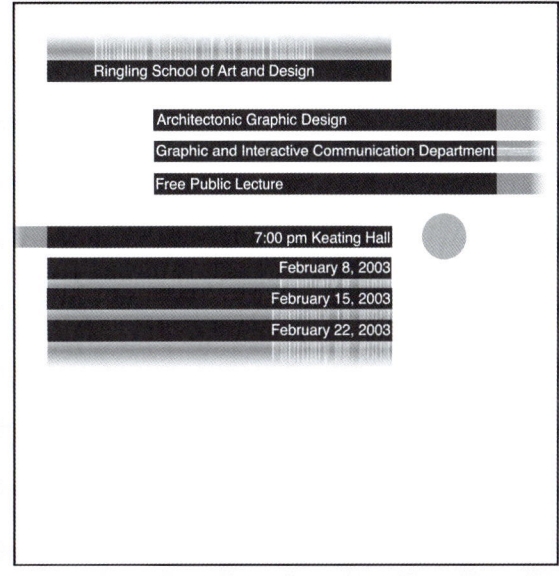

Modularsystem, Einleitung

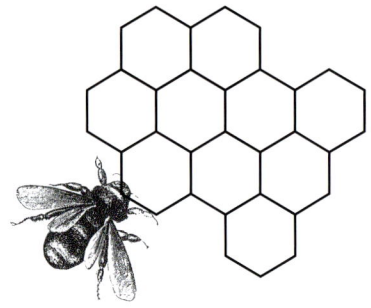

Im Modularsystem bilden standardisierte grafische Elemente den Texthintergrund. Die Anordnung dieser Module bestimmt die jeweilige Komposition. Beispiele für modulare Systembausteine sind Container, Ziegelsteine und Bienenwaben.

Buchstaben, Wörter und Zeilen haben ganz individuelle Formen und lassen sich daher nicht normen. Der Grafiker kann sie aber in genormte Module setzen, die den Hintergrund bilden. Dabei kann es sich um die Umrisslinie eines einfachen Quadrats oder Rechtecks handeln, aber auch um kompliziertere geometrische Figuren wie Kreise, Ellipsen, Dreiecke usw.

Der Grundgedanke ist folgender: Es wird eine standardisierte Einheit geschaffen, auf die sich die Typografie stützt, und mit diesen Modulen wird dann die Botschaft gestaltet. Dabei kann man aus einzelnen Textzeilen je nach Bedarf mehrere machen, was – wie die Gruppenbildung – die Kommunikation der Botschaft erleichtert.

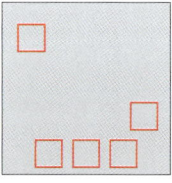

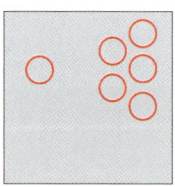

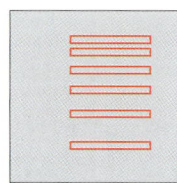

Modularsystem

Das kleinste mögliche Modul enthält nur ein einziges Schriftzeichen. Philippe Apeloig isoliert z.B. bei diesem Poster für eine frankophone Woche jeden Buchstaben der Botschaft, um ausdrücklich auf die Thematik der Sprache hinzuweisen. Die schachbrettartig angeordneten Module haben verschiedene Hintergrundfarben, was die Komposition dynamisch und komplex macht. Der Betrachter muss genau hinsehen, wenn er die Botschaft entziffern will.

Der Schrägstrich ist in der Linguistik ein Symbol für die Transkription gesprochener Sprache. Hier wird er als passendes Element eingesetzt, um leere Module vor und hinter den Wörtern zu füllen und der visuellen Interpunktion Bedeutung zu verleihen.

Philippe Apeloig, 2004

Modularsystem

Auf Philippe Apeloigs Plakat „Bresil" (Brasilien) finden sich Module verschiedener Größe. Die von Modul zu Modul wechselnden Farben erinnern an die brasilianische Flagge. Die Formen bestehen aus einzelnen oder wiederholten Buchstaben und aus Rechtecken, aus denen Buchstaben ausgeschnitten sind. Weitere Formen entstehen durch das Eindringen des Hintergrunds in die Buchstabenformen. Modul- und Größenvariationen beleben das Layout.

Philippe Apeloig, 2005

Heebok Lee, Dan Boyarski

Das Thema dieser aus quadratischen Modulen aufgebauten dreiteiligen Präsentation ist „Designing with Time" (Mit Zeit gestalten). Graue Gitternetzlinien definieren die Module. In jedem Modul gibt es einen Text- oder Bildverweis auf die komplexen Informationen und Querverweise zum Thema. Manchmal sind die Wörter beschnitten – ein weiterer Anreiz für den Betrachter, die Information zu entschlüsseln.

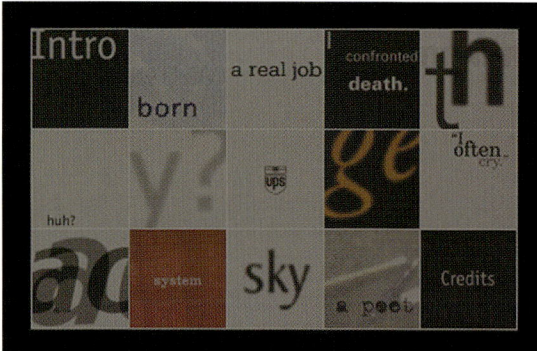

Modularsystem

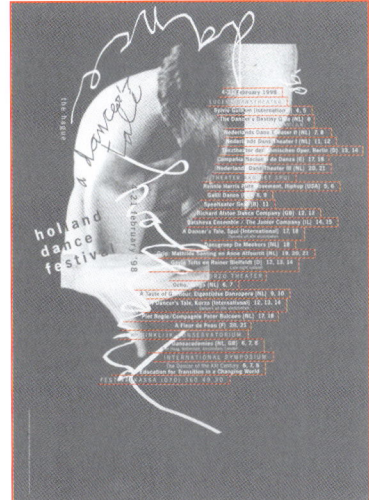

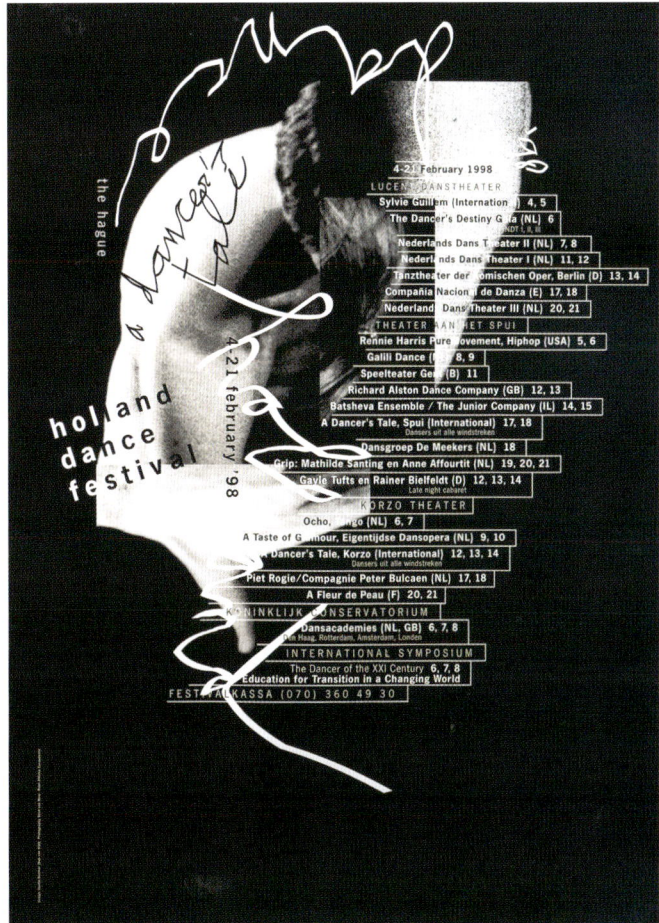

In Bob van Dijks Plakat für ein Tanzfestival kontrastieren rechteckige Module mit einer höchst abstrakten Fotografie, die von frei fließender Handschrift durchzogen ist. Interessanterweise sind die Module nach links zum Bild hin offen, rechts aber geschlossen. Die Wiederholung der rechteckigen Form – in jedem Modul wird auf eine andere Tanzveranstaltung hingewiesen – bringt Rhythmus und eine klare Ordnung in die komplexe Komposition.

Design: Studio Dumbar (Bob van Dijk), 1998
Foto: Deen van Meer

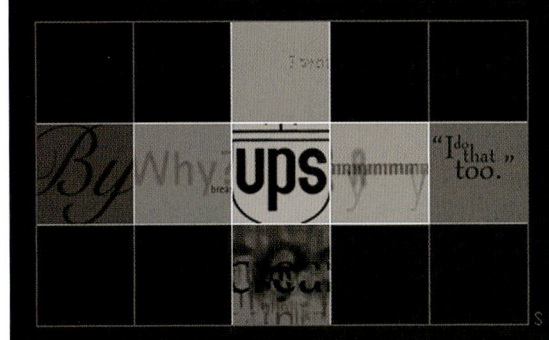

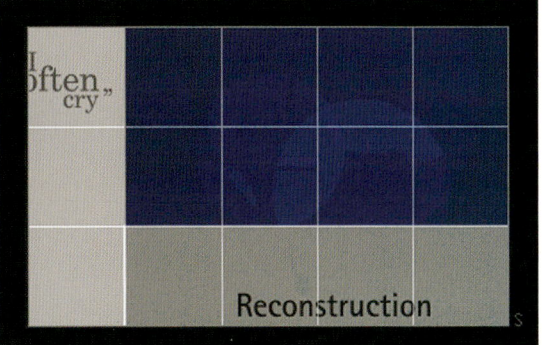

Modularsystem, Miniskizzen

Bei den Übungen mit dem Modularsystem werden von Anfang an grafische Elemente eingebracht. Dies gilt auch für die Studien, die auf eine Schriftgröße und Strichstärke beschränkt sind, denn die Module sind selbst grafische Elemente. Schlichte geometrische Figuren wie Kreis, Quadrat und Rechteck sind die einfachsten Varianten; lange Rechtecke bieten sich aufgrund ihrer visuellen Ähnlichkeit mit der Form einer Textzeile an. Ellipsen, Polygonen und andere vielflächige Formen sind viel komplexer und schwieriger zu beherrschen.

Bei ihren ersten Versuchen arbeiten die Studenten oft mit isolierten Modulen, doch nach einiger Zeit lassen sie die Module einander berühren oder überschneiden und setzen

Anfangsphase
Erste Layouts wirken eher unbeholfen und steif, und die Studenten merken, wie schwierig die Arbeit mit komplexen Formen ist.

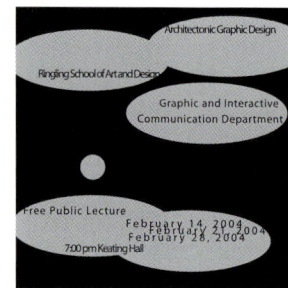

Zwischenphase
Jetzt werden die komplexen Formen durch einfachere ersetzt, in denen der Text sich viel leichter unterbringen lässt. Die Studenten experimentieren nun auch mit Fragen der Regelmäßigkeit und erkennen, dass diese die Kommunikation fördert.

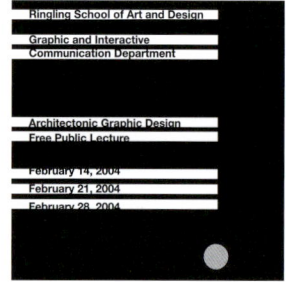
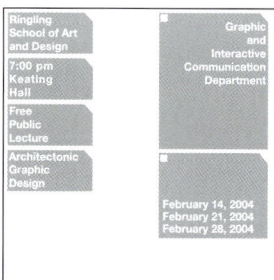

Fortgeschrittene Phase
In dieser Phase werden Überlagerungen und weniger strenge Positionierungen der Texte ausprobiert. Es wird besonders auf die Anordnung von Modulen, Überlagerung und den Weißraum geachtet.

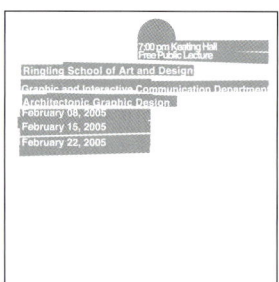
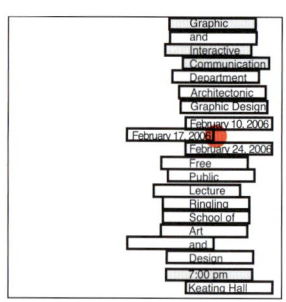

Modularsystem, Miniskizzen

sie zu interessanten anderen Formen zusammen. Im Laufe der Arbeit erkennen sie, dass die Texte in den Modulen auch verschieden angeordnet werden können, und dass die Module selbst nicht unbedingt in Reih und Glied stehen müssen. Diese Einsichten führen zu lebendigeren Entwürfen.

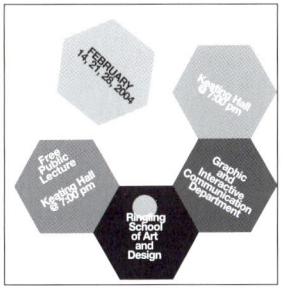

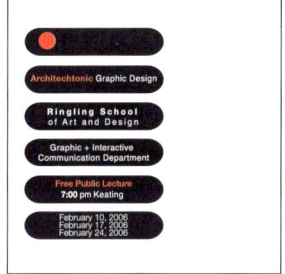
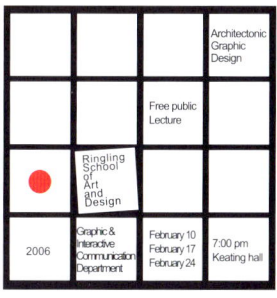
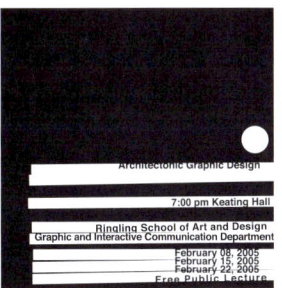

Modularsystem

Kreisförmige Module

Als modulares Element ist der Kreis problematisch, da es sich dabei um die visuell auffälligste geometrische Figur handelt. Noch der kleinste Kreis heischt nach Aufmerksamkeit. Zudem hat ein Kreis weder Ecken noch Kanten, an denen sich Text ausrichten oder eine Beziehung zu anderen Elementen herstellen ließe.

Die informellen Entwürfe auf dieser Seite versuchen, Integration durch Überschneidungen zu erreichen. Rechts wird die Komposition dadurch aufgelockert, dass als untergeordnetes Modul auch ein Halbkreis erscheint und die z.T. beschnittenen Textgruppen unterschiedlich ausgerichtet sind. Die roten Kreislinien setzen Akzente und halten durch Überschneidungen das Layout zusammen. Wenn Elemente sich berühren oder überschneiden, entsteht der Eindruck, dass sie zusammengehören. Links unten sehen wir eine ähnliche Strategie: Der rote Kreisumriss überschneidet die beiden grauen Kreise und stellt so Beziehungen her und hält die Komposition zusammen. Ebenfalls eine integrierende Funktion haben in dem Entwurf rechts unten Transparenz und Überlagerung.

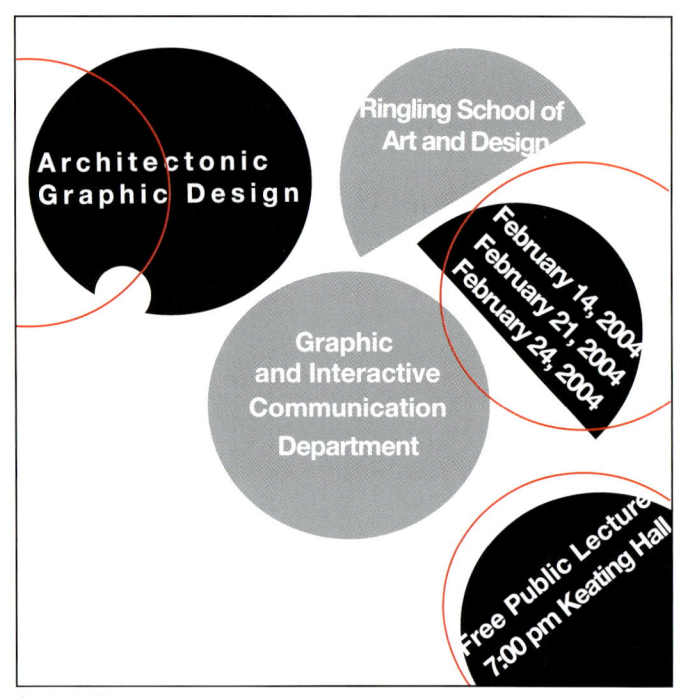

Stephanie Flis

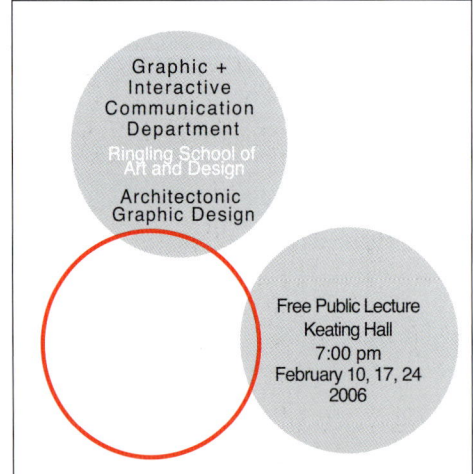

Michael Johnston

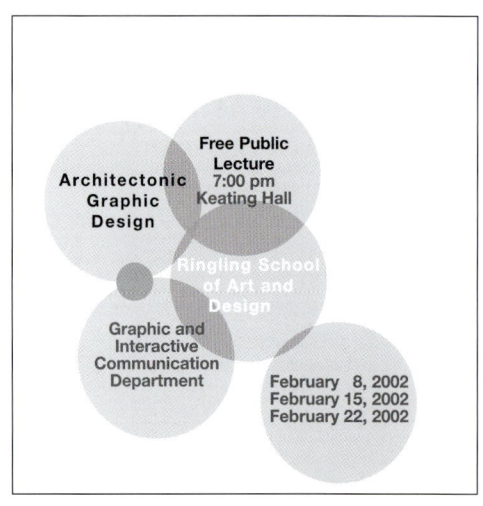

Keishea Edwards

Modularsystem

Kreisförmige Module

Bei diesen Beispielen handelt es sich um geordnete Kompositionen, bei denen die vorherrschende Regelmäßigkeit durch einzelne Abweichungen visuell aufgelockert ist. Der im Prinzip streng reglementierte Entwurf rechts oben wird durch einen fehlenden und einen akzentsetzenden roten Kreis interessant. Unten sind die Kreismodule in einem Muster angeordnet, auch wenn der rote Kreis aus der Reihe tanzt und auf sich aufmerksam macht. Abwechslung schafft die Grafikerin, indem sie die Kreise am rechten Rand beschneidet und die Schrift darin um 90 Grad dreht, so dass sie besser hinein passt.

Michael Johnston

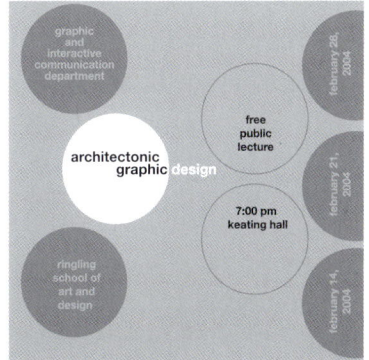

Vorstudie für die Komposition rechts unten

Elsa Chaves

Modularsystem

Quadratische Module
Die quadratischen Module in diesen Beispielen sind eng mit dem Rastersystem verwandt; man könnte sie als quadratische visuelle Felder in einem Rastersystem auffassen. Allerdings kann der Grafiker im Modularsystem mit solchen Quadraten viel freier umgehen – er kann Grauwerte variieren und Module verschieben oder rotieren lassen. Innerhalb eines Moduls können Texte verschiedene Grauwerte aufweisen und bündig oder randabfallend ausgerichtet werden.

Die Entwürfe auf dieser Seite haben ein ganz regelmäßiges Raster. Abwechslung entsteht dadurch, dass einige Module weggelassen und andere durch Umrisslinien betont sind. Auch die verschiedenen Grauwerte und die roten Akzente sorgen für Abwechslung und lassen eine Hierarchie entstehen.

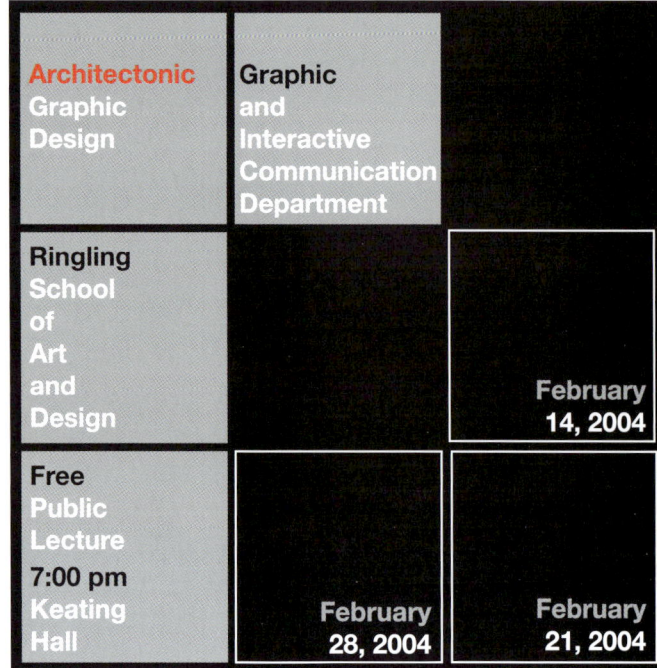

Mike Plymale

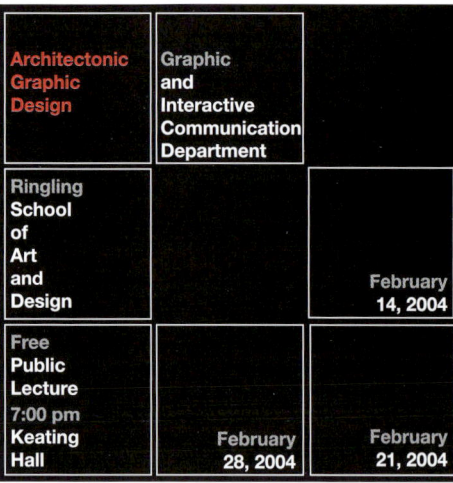

Mike Plymale Mike Plymale

Modularsystem

Quadratische Module

Das menschliche Auge liebt Abwechslung, und dafür sorgt in diesen Arbeiten jeweils ein quadratisches Modul, das aus der Reihe tanzt. Rechts kontrastiert das gekippte Modul mit den regelmäßig angeordneten anderen Quadraten. Durch die randabfallende Ausrichtung der Textzeilen kann der weiße Hintergrund an verschiedenen Stellen in die schwarzen Module eindringen. Informeller sind die recht kapriziösen Entwürfe ganz unten, bei denen die Zuordnung der Schrift zu den Modulen ganz locker ist und willkürlich getrennte Wörter auch über den Rand eines Moduls hinausgehen können.

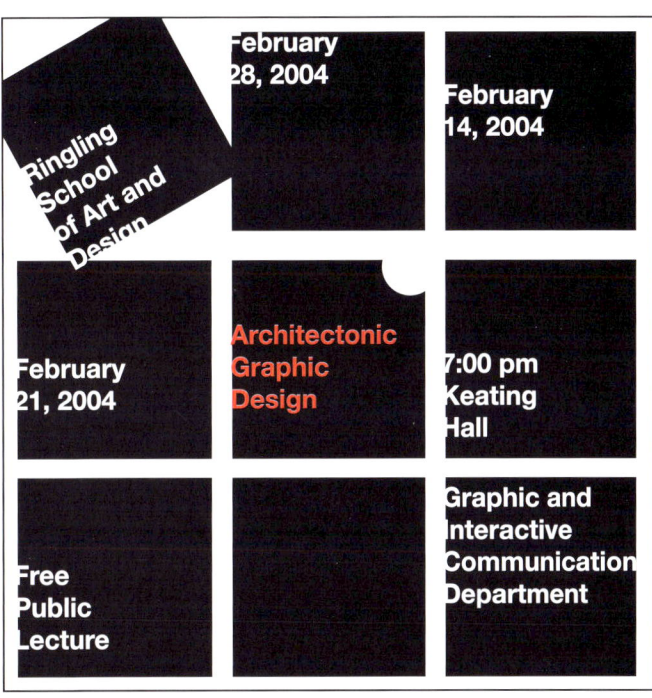

Andrea Cannistra

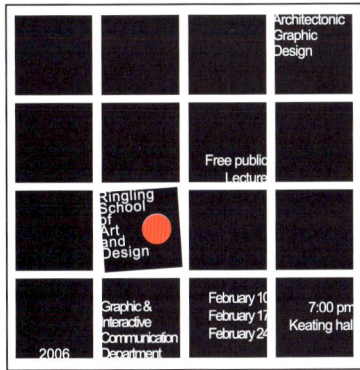

Azure Harper

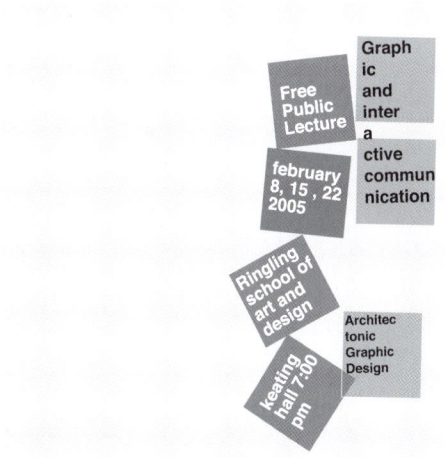

Eva Bodok

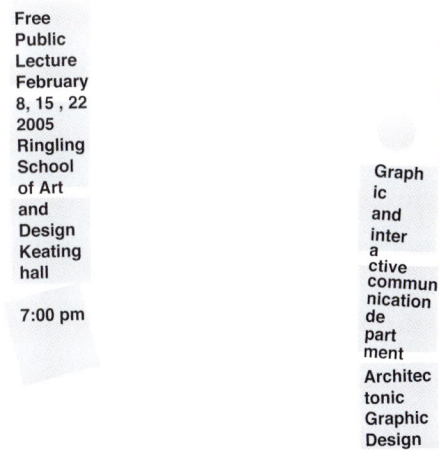

Eva Bodok

Modularsystem

Rechteckige Module
Lange Rechtecke eignen sich gut als Textmodule, da sie der Form einer Zeile entsprechen. In einer solchen Komposition kann man außerdem die Zeilen leicht mit gleichmäßigem Abstand in eine logische Reihenfolge bringen. Abwechslung entsteht durch verschiedene Zeilenlängen, Texturen und Grauwerte. In den sehr regelmäßigen Entwürfen auf dieser Seite setzen der Kreis und die Farbe Rot einen unerwarteten Kontrapunkt und lassen eine Hierarchie entstehen.

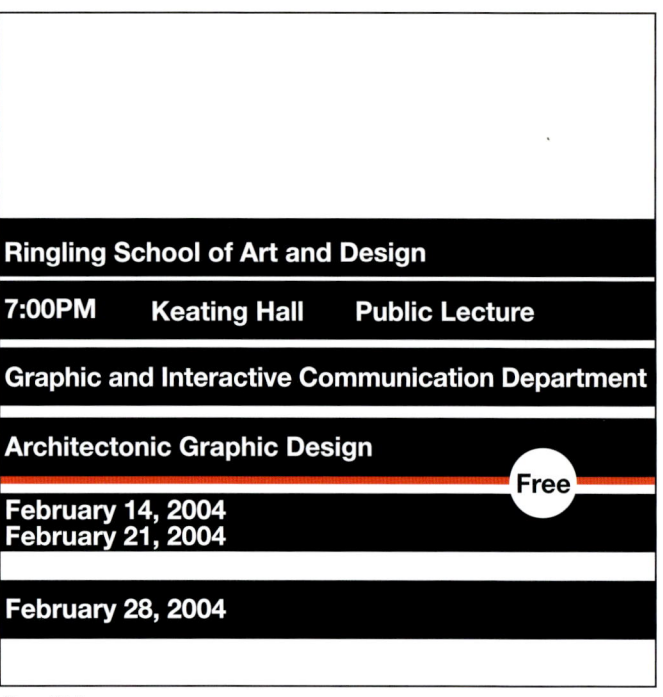

Chean Wei Law

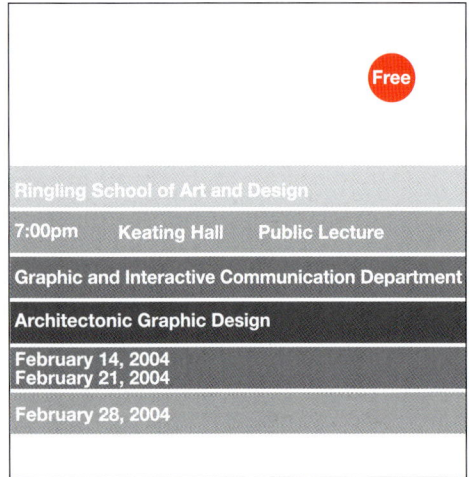

Chean Wei Law

Chean Wei Law

Modularsystem

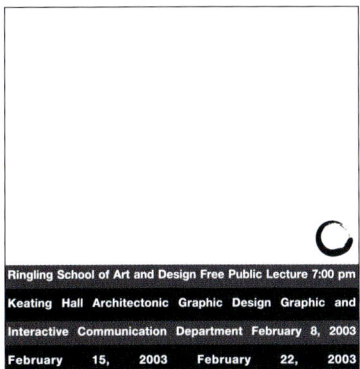

Casey McCauley

Casey McCauley

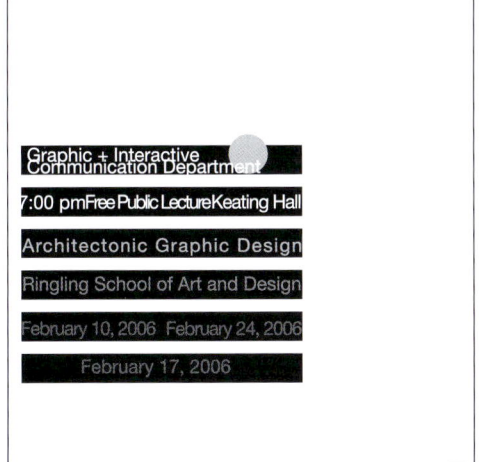

Amanda Clark

Willie Diaz

Modularsystem

Rechteckige Module

Auch bei langen Rechteckmodulen sind viele Varianten möglich, wenn die strenge Reglementierung aufgegeben wird. Dann können sich die Module frei im Raum bewegen, die Horizontale verlassen, an den Rand des Blattes stoßen und durch Überlagerung neue Formen bilden – Varianten, die die Komposition dynamischer machen. Die Hintergrundflächen sind bei solchen Arbeiten nicht mehr regelmäßig, und die Stellen, wo Module sich überlagern, sind gestalterisch besonders interessant.

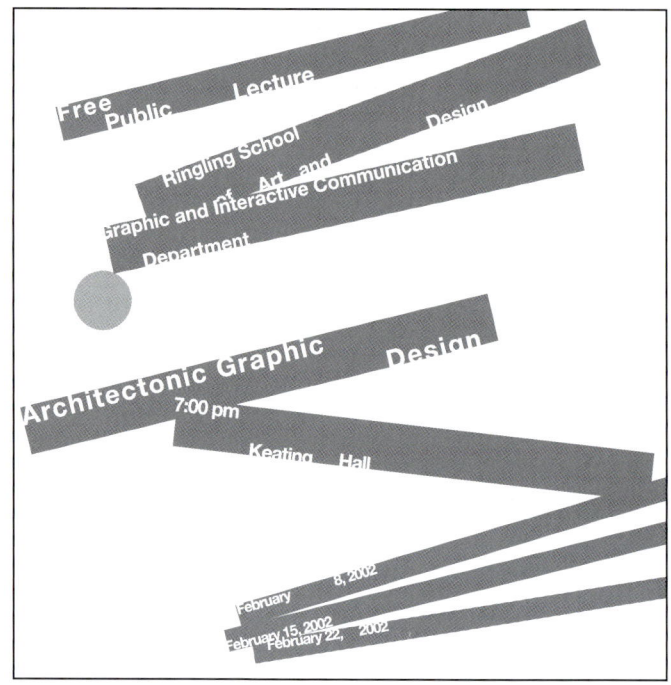

Katherine Chase

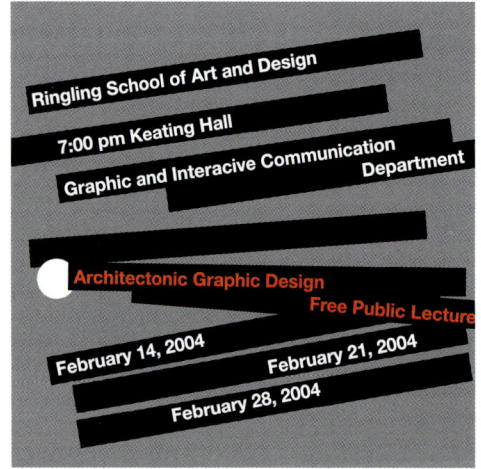

Sara Suter

Sara Suter

Modularsystem

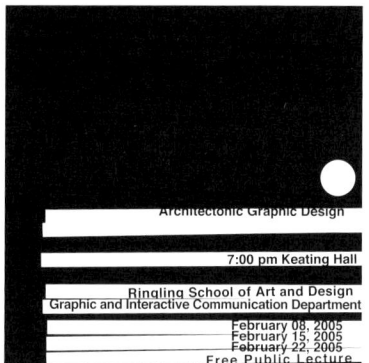

Vorstudie für die Komposition rechts oben

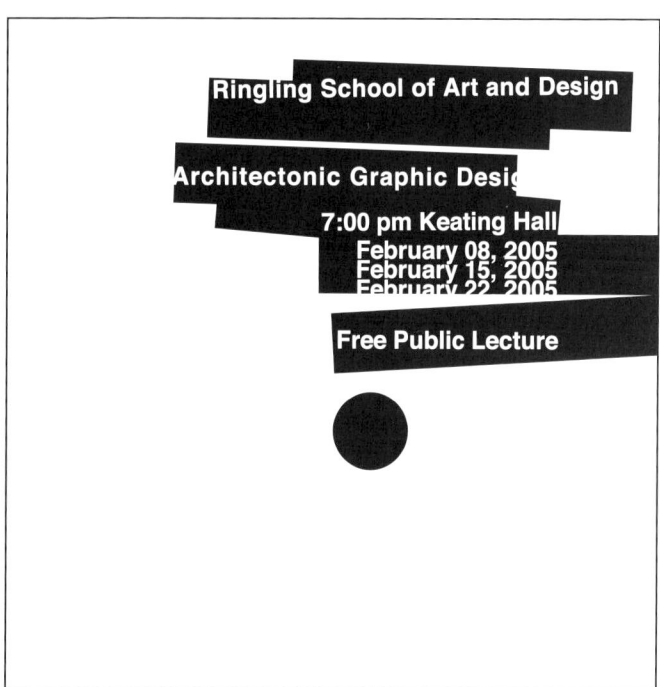

Christian Andersen

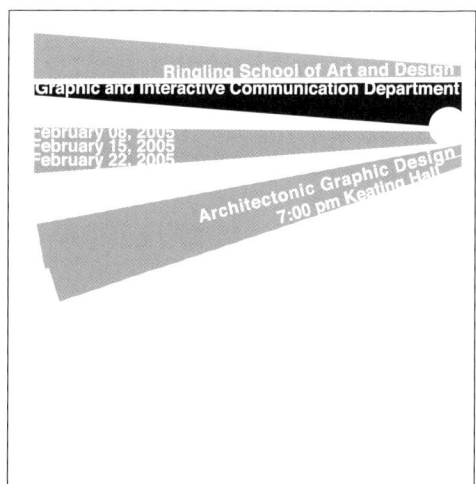

Christian Andersen

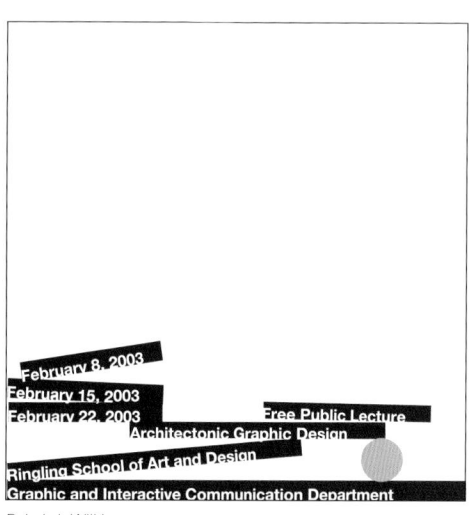

Rebekah Wilkins

Modularsystem

Transparenz
Noch komplexer werden die Kompositionen, wenn rechteckige Module nicht nur frei im Raum schweben, sondern auch transparent sind. Durch sich überlagernde Rechtecke entstehen neue Formen, und der Weißraum im Hintergrund wird unregelmäßig. Je nachdem ob ein transparentes Rechteck sich vor oder hinter ein anderes Modul schiebt, ergibt sich ein Spiel zwischen helleren und dunkleren Texturen.

Elizabeth Centolella

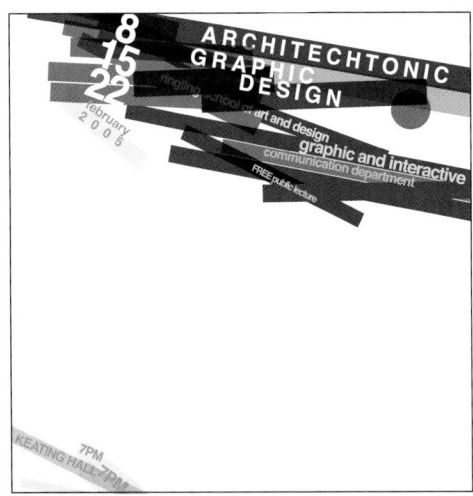

Elizabeth Centolella

Chloe Price

Modularsystem

Transparenz

Auch rechteckige Rahmenlinien vermitteln den Eindruck von Transparenz, doch das Ergebnis ist bei solchen Arbeiten noch komplexer, weil das Auge nicht nur den Strichen der Buchstaben folgt, sondern auch den Rahmenlinien. Die Raumgestaltung ist reizvoll, und die Wiederholung der Linien wirkt dynamisch. Durch Überschneidungen können wichtige Wörter hervorgehoben und betont werden, wie man rechts unten sieht.

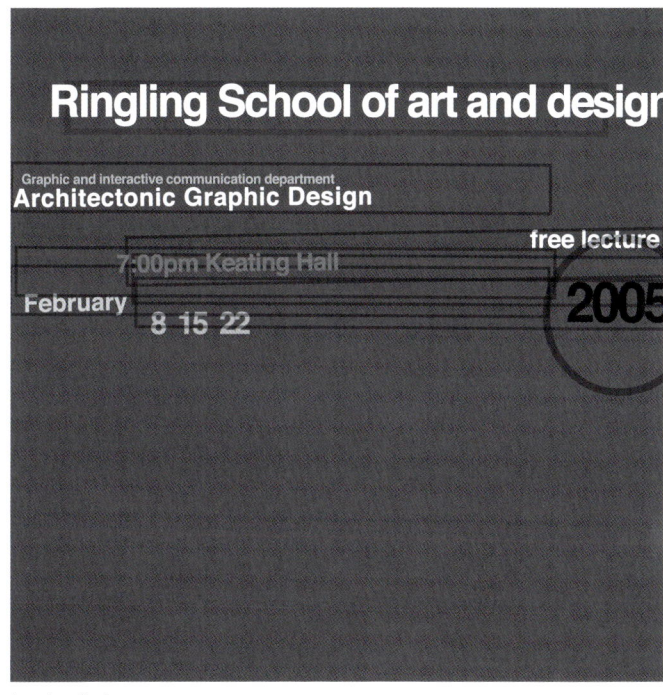

Jonathon Seniw

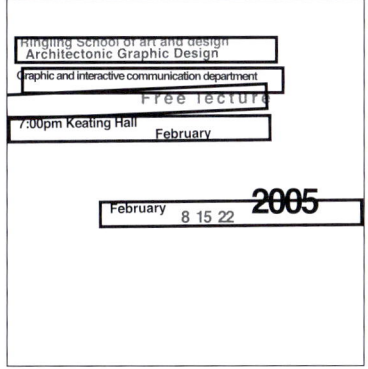

Jonathon Seniw

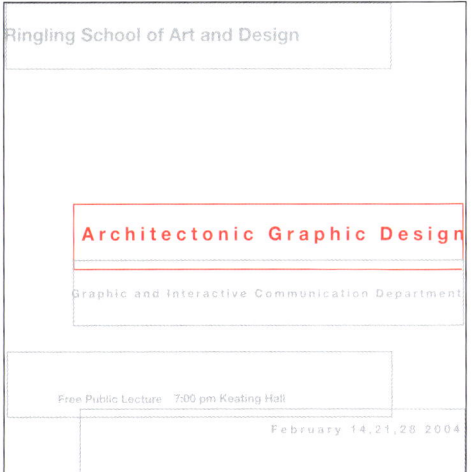

Heidi Dyer

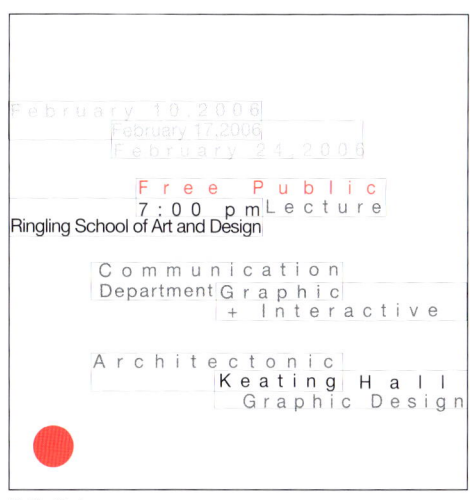

Phillip Clark

8. Bilateralsystem

Achsensymmetrisches Design

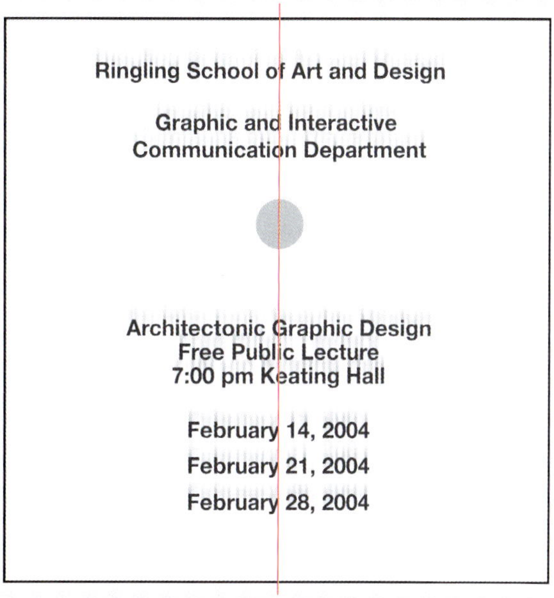

Ringling School of Art and Design

Graphic and Interactive
Communication Department

Architectonic Graphic Design
Free Public Lecture
7:00 pm Keating Hall

February 14, 2004
February 21, 2004
February 28, 2004

Bilateralsystem, Einleitung

Das Bilateralsystem ist das symmetrischste System visueller Organisation: Eine Achse teilt die Textzeilen symmetrisch. In der Natur finden wir bilaterale Strukturen z.B. beim menschlichen Körper, bei Schmetterlingen, bei Blättern und bei vielen Tieren, aber auch bei Artefakten.

An den Designer stellt dieses System hohe Ansprüche, denn die vorgegebene Symmetrie macht bilaterale Kompositionen vorhersehbar und potenziell langweilig. Wenn man die Mittelachse nach links oder rechts verschiebt, wirkt die Komposition gleich dynamischer. Auch eine diagonale Achse oder eine schräg zur Grundlinie verlaufende Zeile macht den Entwurf visuell interessanter. Der zusätzliche Einsatz von grafischen Elementen kann zu spannenden Kompositionen führen.

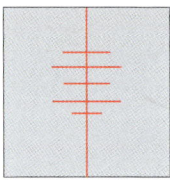

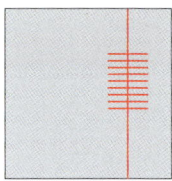

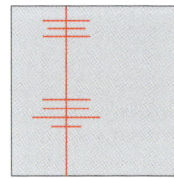

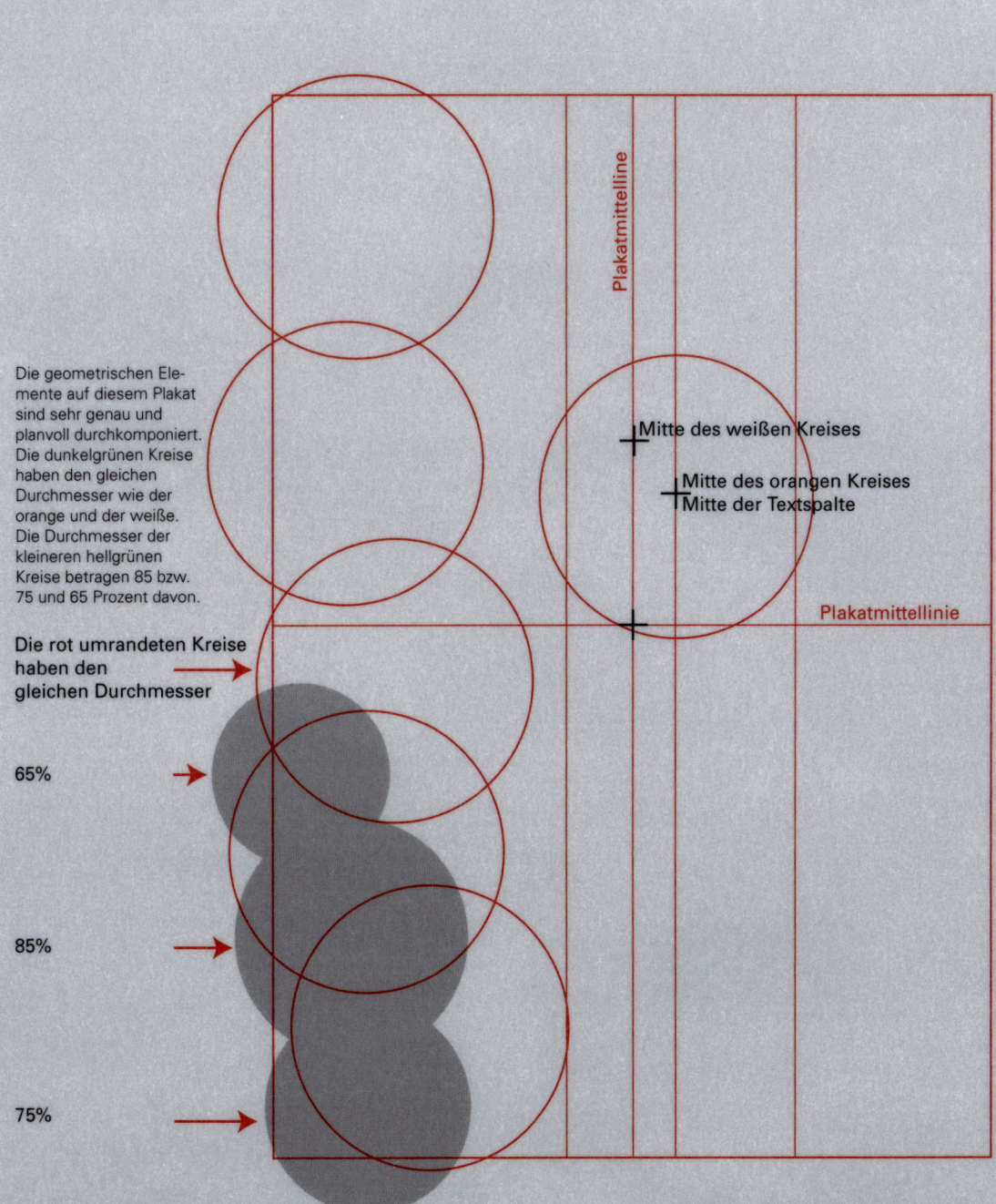

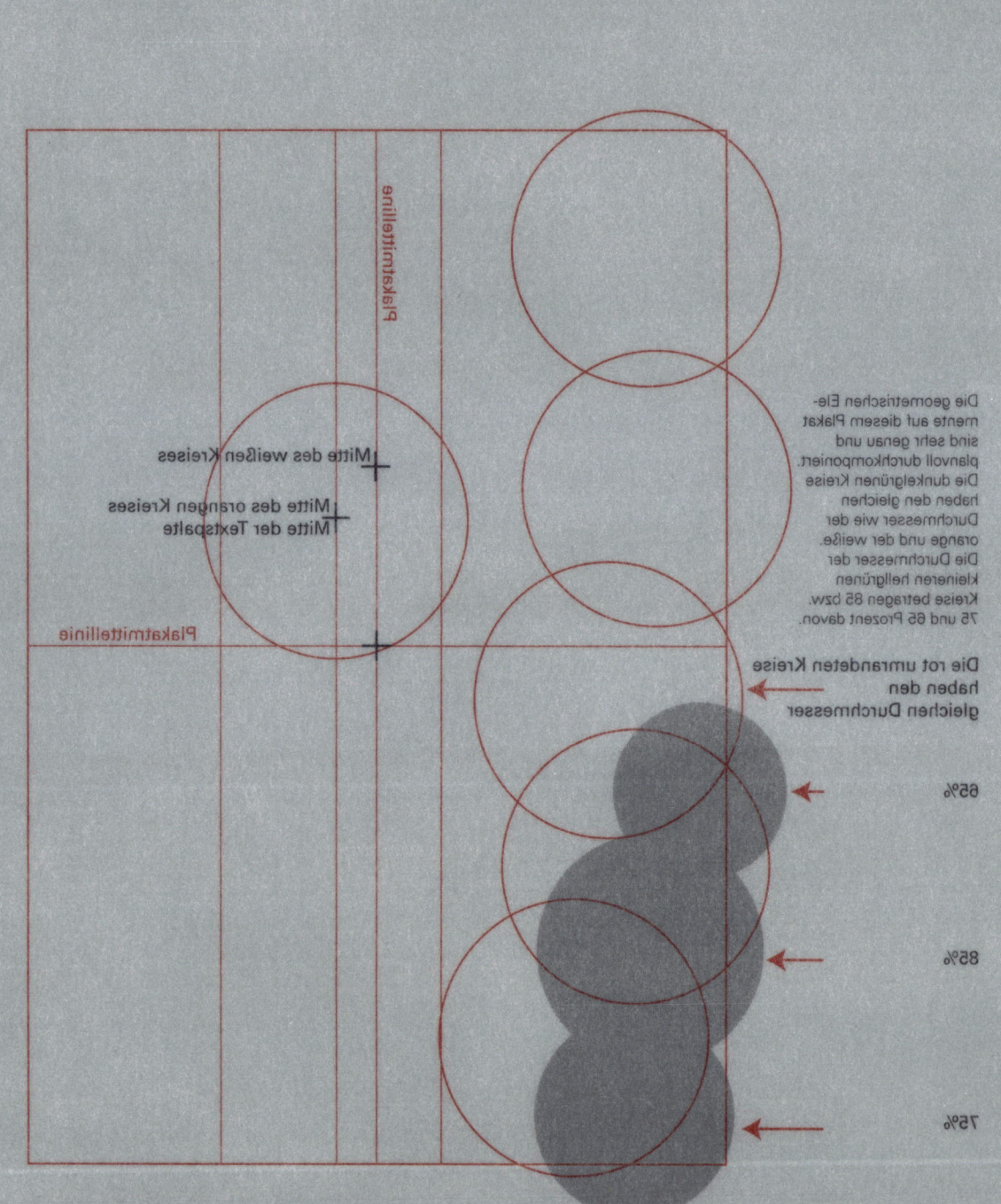

Bilateralsystem

Siegfried Odermatt and Rosmarie Tissi betreiben seit den 60er Jahren eines der bekanntesten Grafikateliers der Schweiz. Ihr Plakat für „Serenaden 92" wird zur abstrakten Landschaft in Abendstimmung, mit grünen Bäumen, der untergehenden Sonne und der aufgehenden weißen Mondsichel. Der Text und die dünnen roten Balken, die Textgruppen definieren, laufen in einer bilateralen Kolumne etwas rechts der Mittelachse über das Blatt und wirken wie abstrakte Lichtreflexe der Sonne und des Mondes auf einer Wasserfläche. Weil bei den Zusatzinformationen unten die rechtsbündigen roten Balken fehlen, scheinen diese Reflexe nach unten hin abzunehmen.

Odermatt & Tissi, 1992

Bilateralsystem

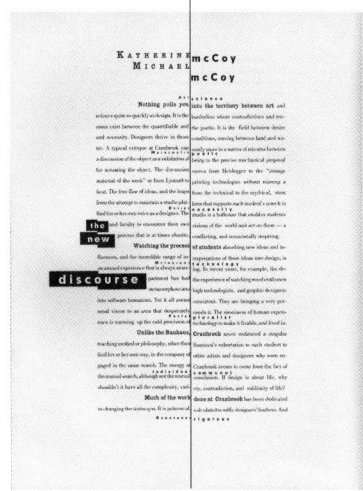

Zum Thema passend wird in dieser Arbeit, in der es um „the new discourse" (den neuen Diskurs) geht, die Struktur des traditionellen einspaltigen Satzspiegels geistreich variiert. Die bilaterale Symmetrie bleibt erhalten, doch durch die Versetzung des Textes werden aus einer Spalte zwei. Kontrapunktisch durchbrochen wird die Symmetrie bei der Gestaltung der Namen oben und bei dem mit schwarzen Balken unterlegten Titel links. Schlüsselwörter sind paarweise an der Achse zwischen die Zeilen geflochten: Art/science, Mathematic/poetic, Desire/necessity usw. Diese Antonyme spiegeln die im Text erörterte Dualität von Design.

Katherine McCoy, P. Scott Makela, Mary Lou Kroh, 1990

Bilateralsystem

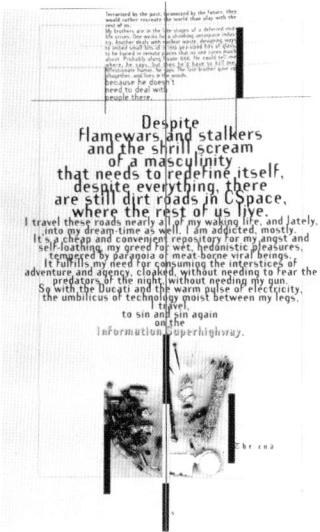

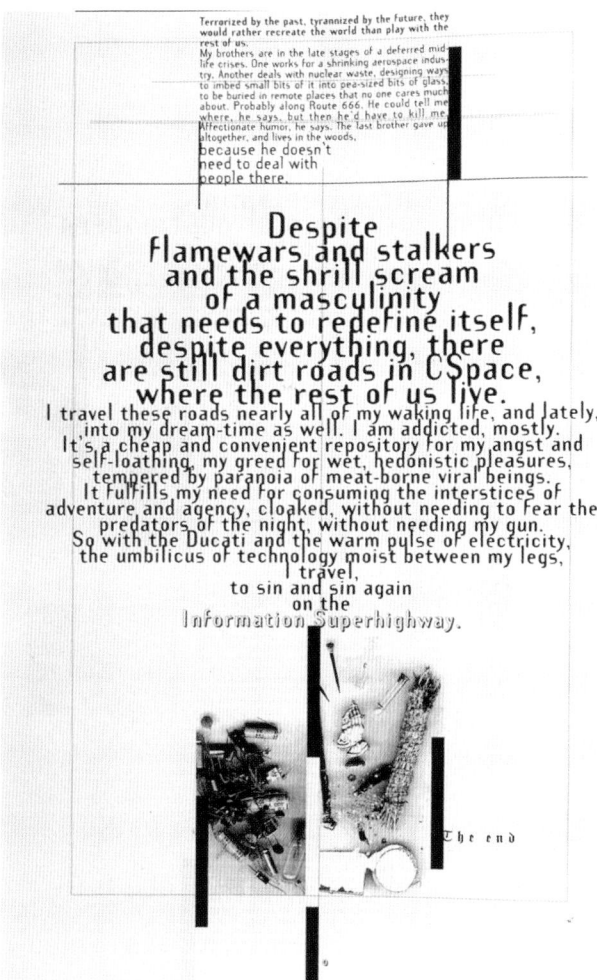

Gail Swanlunds Design vermittelt dieser Seite aus der Zeitschrift *Emigre* die Intensität einer unbändigen Wut. Es entbehrt nicht der Ironie, dass für einen Text, bei dem es um die Datenautobahn geht („Information Superhighway "), eine eher mit traditionellem Design assoziierte bilateral-symmetrische Struktur gewählt wurde. Der Text beginnt oben im Blocksatz, wird dann linksbündig und geht schließlich in bilateralen Flattersatz über, wobei der Zeilenfall sich am Rhythmus der Sätze orientiert. Die wechselnden Schriftarten, die sozusagen eine unregelmäßige visualisierte Stimme bilden, erinnern an die Redeweise eines erregten Menschen. Die Typografie spricht mal leiser, mal lauter, sie fragt und verhaspelt sich und erreicht zuletzt die in Frakturschrift gesetzten Wörter „The end ".

Gail Swanlund, *Emigre* #32, 1994

Bilateralsystem, Miniskizzen

Symmetrie, das Wesen des Bilateralsystems, ist schön, kann bei Übungen mit dem System aber bald langweilig werden. Die Studenten durcheilen die erwarteten Variationen symmetrischer Komposition und experimentieren mit verschieden geformten Textblöcken, doch die Resultate wirken recht statisch und traditionell.

Neue Möglichkeiten ergeben sich, wenn man die Achse aus der Mitte rückt, weil man dann die Raumgestaltung durch die entstehenden Weißflächen anders organisieren kann. Solche flächenorientierten Kompositionen können zu interessanten Lösungen führen. Das Bilateralsystem lenkt die Kreativität des Designers in die Richtung elementarer Fragen: Wie gestaltet man Flächen? Wann bricht man eine Zeile um? Wie hält man es mit Abständen? Wohin verschiebt man die Achse?

Anfangsphase
Zunächst erhalten die Studenten Gelegenheit, symmetrische Anordnungen auszuprobieren. Es bleibt noch bei einer Beschränkung auf die senkrechte Mittelachse, doch Zeilenabstand, Zeilenumbruch und Satzart – Blocksatz oder Flattersatz – sind variabel.

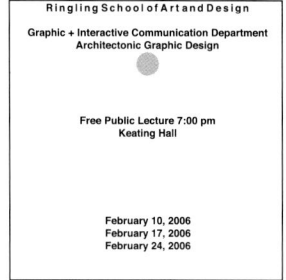
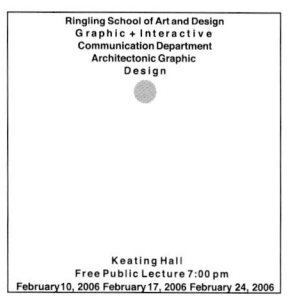

Zwischenphase
Viele Entwürfe werden sofort ansprechender, wenn man die Achse aus der Mitte verschiebt. Die Flächenverhältnisse ändern sich, und die Asymmetrie macht die Komposition interessanter.

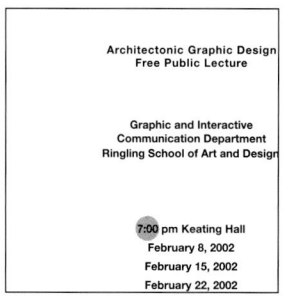
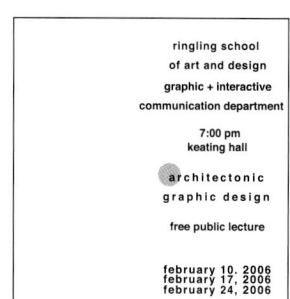

Fortgeschrittene Phase
Jetzt darf die Kreativität sich frei entfalten. Experimente mit großen Weißflächen und mit schrägen Zeilen und Achsen führen zu einer ganz anderen Gestaltung des Formats.

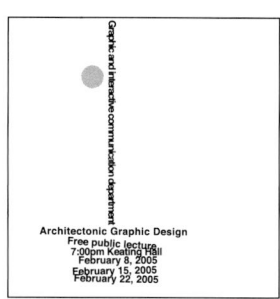

Bilateralsystem, Miniskizzen

Bilateralsystem

Symmetrie und Grauwert
Bei den bilateralen Arbeiten auf dieser Doppelseite steht der Text symmetrisch im Mittelachsensatz. Das einzige grafische Element, der Kreis – gestalterisch immer ein Joker – gewinnt enorme Bedeutung, vor allem wenn er in einer strukturell symmetrischen Komposition das einzige nicht zentrierte Element ist.

Obwohl diese Entwürfe identischen Text und die gleiche symmetrische Komposition aufweisen, wirken sie völlig unterschiedlich, da die Positionierung der Zeilen, der Zeilenumbruch und die Grauwerte jedes Mal anders gewählt sind. Bei der Arbeit rechts oben entspricht der Zeilenumbruch den üblichen Erwartungen. Die unterschiedlichen Grauwerte der Zeilen etablieren in der Botschaft eine Hierarchie und lockern die herrschende Symmetrie auf.

Bei der Vorstudie links unten haben die Zeilen abwechselnd verschiedene Grautöne. Bei der späteren Komposition ist die Hierarchie selektiver: Es sind nur einzelne Wörter und Buchstaben weiß hervorgehoben, wodurch auch ein asymmetrischer Effekt entsteht.

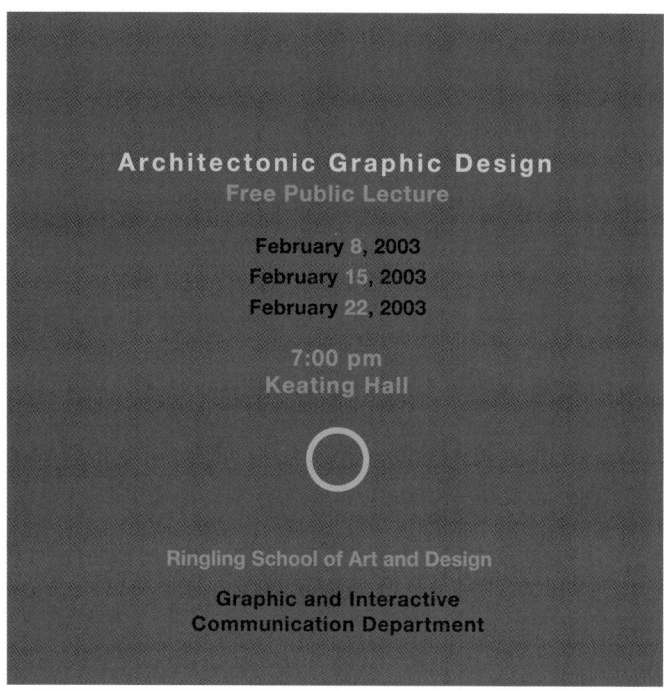

Dustin Blouse

Christian Andersen

Vorstudie für die Komposition rechts unten

Bilateralsystem

Symmetrie und Grauwert

Sporadische Veränderungen des Grauwerts ganzer Zeilen oder einzelner Buchstaben beleben die Komposition rechts oben. Die spontanen Grauwertschwankungen spielen mit Texturen im Raum. Die beiden oben schwebenden Zeilen sind durch ihre Platzierung und die Beschränkung auf einen einzigen Grauwert in der Zeile hervorgehoben. Im Entwurf rechts unten wird durch die leicht schrägen Zeilen die Symmetrie in Frage gestellt und durch die Überschneidung eine Spannung erzeugt. Interessanterweise ist eine Zeile als Kontrapunkt auf den Kopf gestellt.

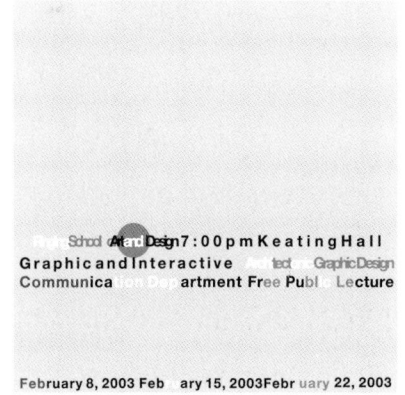

Vorstudie für die Komposition rechts oben

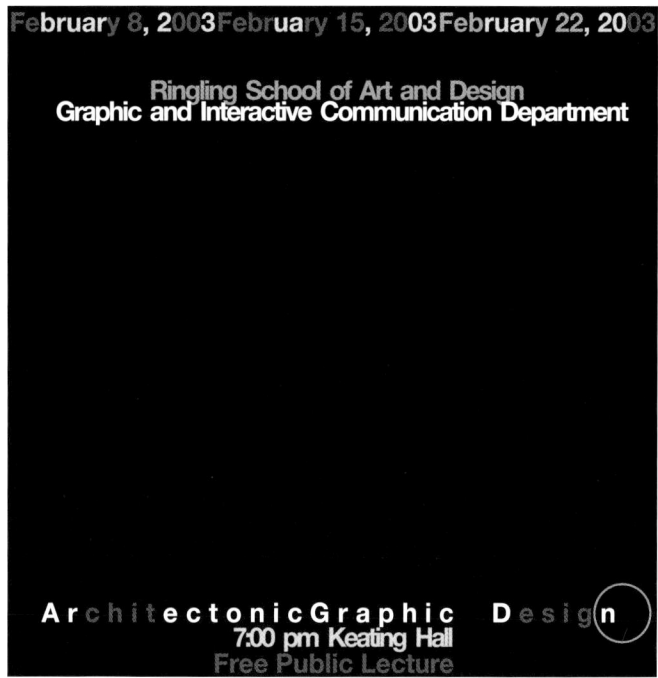

Giselle Guerrero

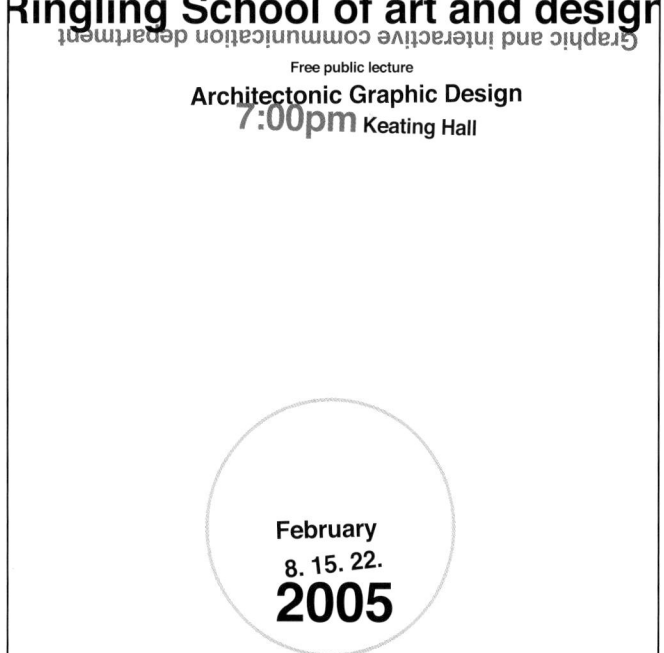

Jonathon Seniw

Bilateralsystem

Grafische Elemente
Durch den Einsatz von grafischen Elementen im Bilateralsystem kann man die symmetrische Wirkung verstärken und das visuelle Interesse steigern. In der Komposition rechts scheint die gedrängte Textgruppe auf der dünnen senkrechten Linie zu balancieren. Der schwarze Kreis setzt einen asymmetrischen Akzent. Textgruppierungen entstehen durch die Änderung der Laufweite, was die Textur variiert. Bei den Entwürfen unten betonen die roten Balken den Titel der Vortragsreihe. Da die Balken beiderseits randabfallend quer über das ganze Blatt laufen, geben sie der Komposition zusätzlich Halt. Rechts unten stellt die dünne rote Linie, die quadratisch um die Orts- und Zeitangaben läuft, eine starke Verbindung zwischen diesen Informationen und dem Titel im dicken roten Balken her.

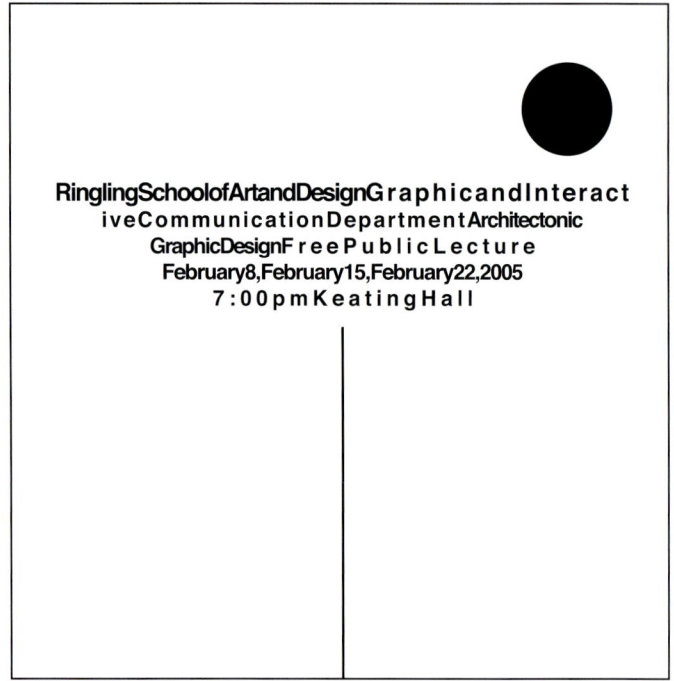

Christian Andersen

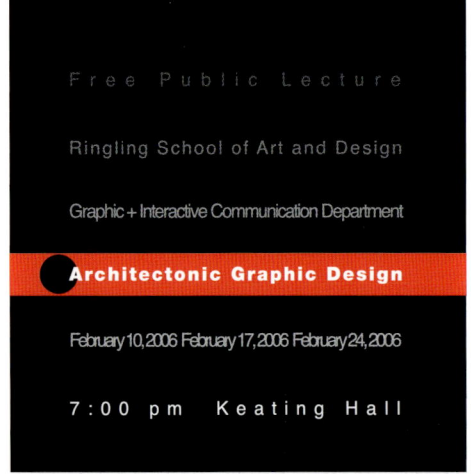

Jennifer Levreault

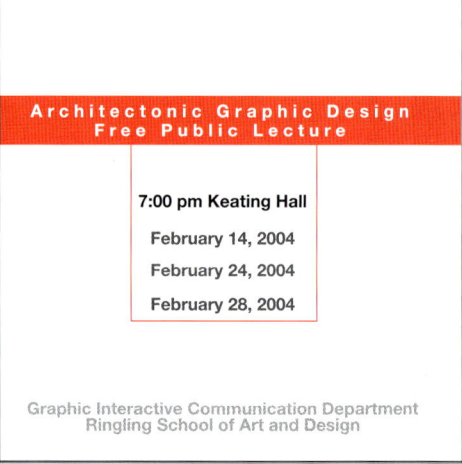

Stephanie Flis

Bilateralsystem

Grafische Elemente
Rechts ist der Text genau in ein schwarzes Quadrat eingepasst. Die in Majuskeln gesetzten Zeilen laufen ohne Einhaltung von Wortabständen fortlaufend von Rand zu Rand, wobei Wörter ohne Rücksicht auf Regeln einfach dann getrennt werden, wenn sie an den rechten Rand stoßen. Die drei Wörter des Titels sind etwas größer und heben sich auch durch einen anderen Grauwert vom restlichen Text ab. Eine ähnliche Kompositionsstrategie sieht man rechts unten, wo ein Kreis eine Textgruppe so umschließt, dass einzelne Buchstaben und Zahlen randabfallend mit dem Hintergrund verschmelzen. Links unten fungieren die schwarzen Treppenstufen als gewichtige texteinschließende Elemente.

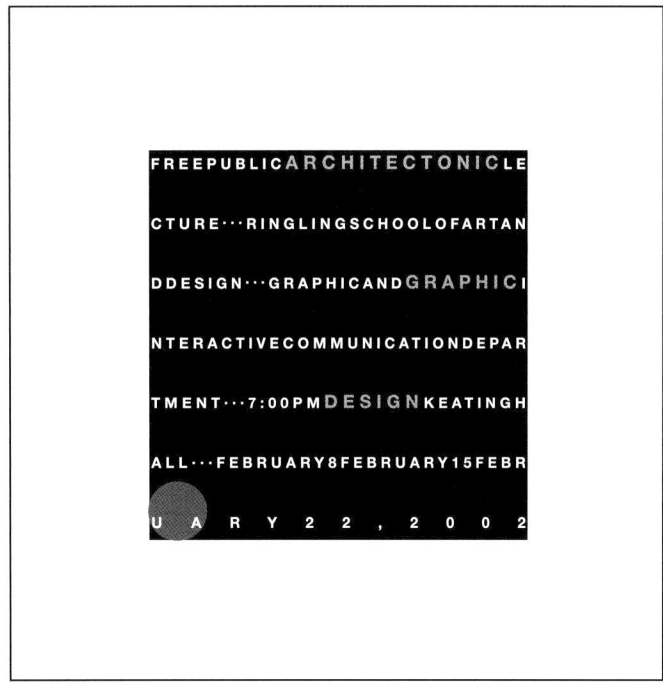

Gray West

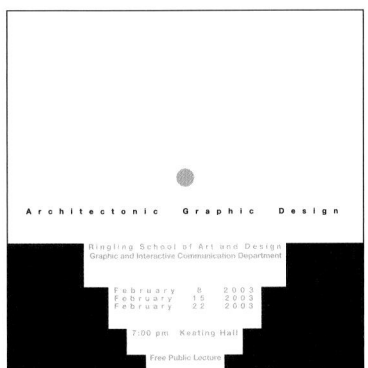

Loni Diep

Loni Diep

Bilateralsystem

Asymmetrie durch grafische Elemente
Außer bei der Vorstudie links unten sind bei allen Kompositionen auf dieser Doppelseite die Texte streng mittelachsensymmetrisch gesetzt. Eine asymmetrische Wirkung wird erst durch die grafischen Elemente erzielt.

Bei den beiden großen Arbeiten auf dieser Seite handelt es sich um schlichte bilaterale Kompositionen, denen ein vom linken Rand ins Blatt vordringender grauer Balken einen besonderen Reiz verleiht. Dieser Balken schafft nicht nur Asymmetrie; er erzeugt durch die Hervorhebung des Titels auch eine Hierarchie.

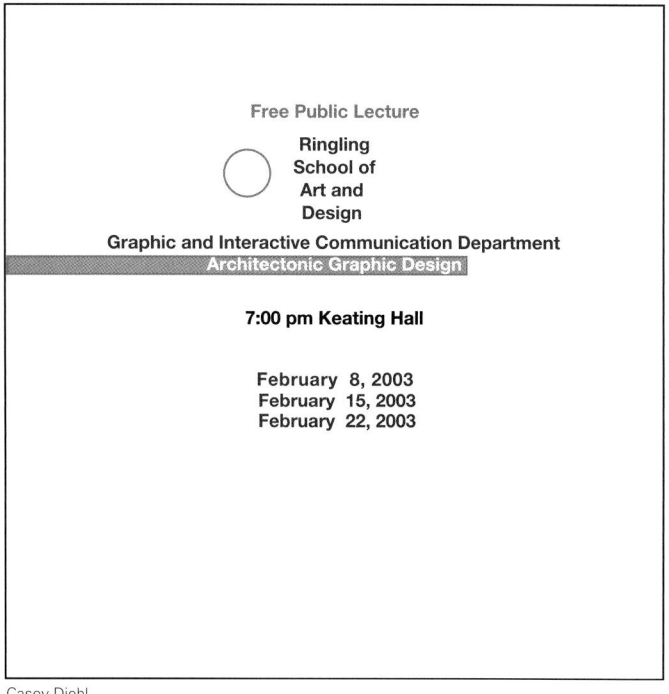

Casey Diehl

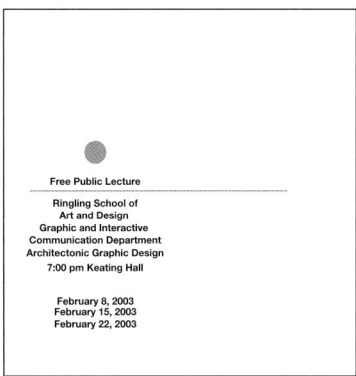

Vorstudie mit nur einer Schriftgröße und Strichstärke für die Kompositionen rechts

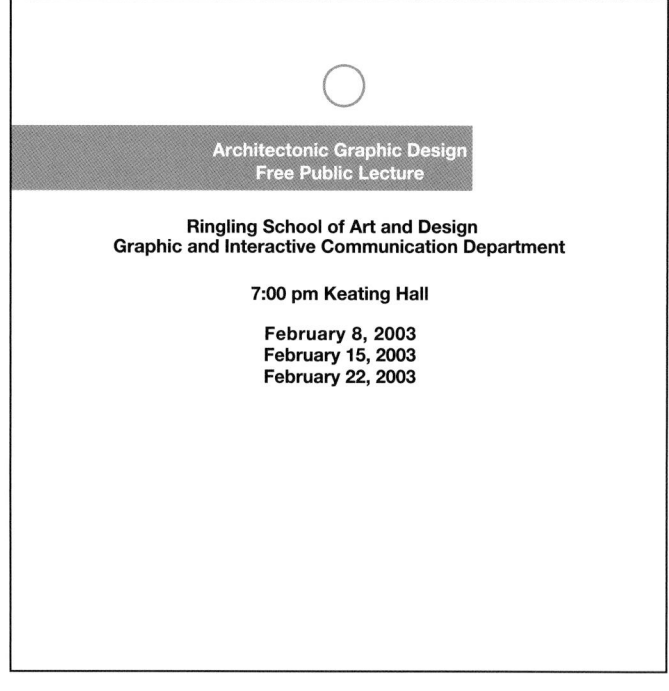

Bilateralsystem

Asymmetrie durch grafische Elemente

Anders als bei den schlichten Entwürfen auf der gegenüberliegenden Seite wird hier die visuelle Wirkungskraft großformatiger grafischer Elemente eingesetzt, um Asymmetrie zu erzeugen. In allen drei Kompositionen dringen Kreise von außen ins Blatt; da sie am Blattrand beschnitten sind, wirken sie noch größer als sie sind.

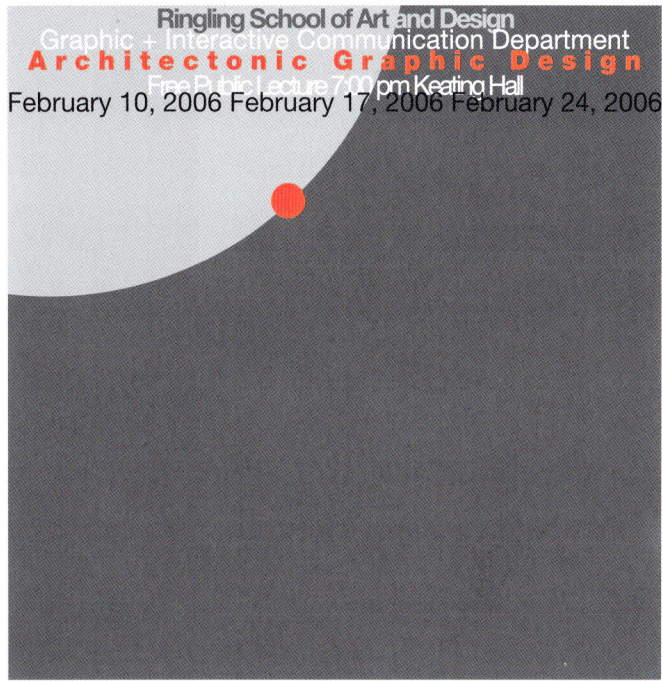

Amanda Clark

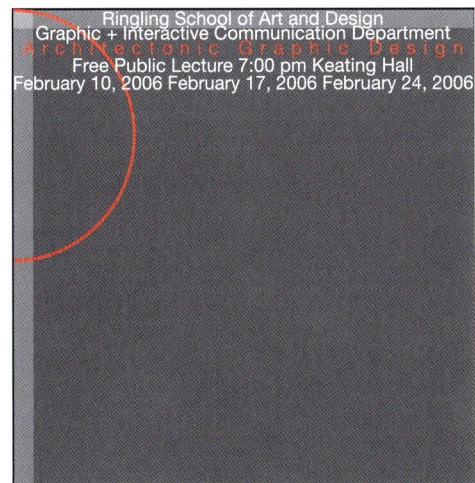

Amanda Clark

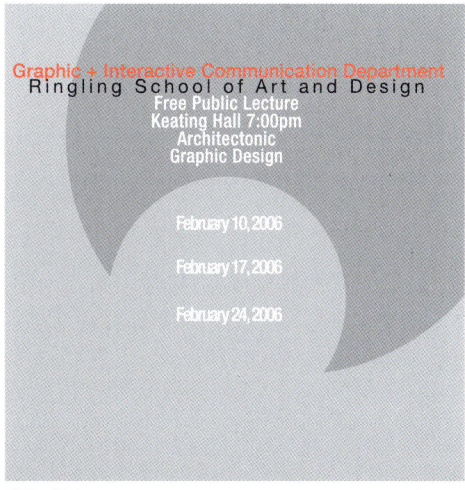

Phillip Clark

Bilateralsystem

Asymmetrische Platzierung

Bei den Arbeiten auf dieser Doppelseite spielen grafische Elemente keine oder nur eine untergeordnete Rolle. Die asymmetrische Platzierung der bilateralen Achse ist reizvoll, weil links und rechts ungleiche Flächen und Formen entstehen, deren unterschiedliche Proportionen den Blick auf sich ziehen. Man erkennt, dass auch mit minimalen grafischen Elementen überzeugende Kompositionen möglich sind.

Dustin Blouse

Trish Tatman

Pushpita Saha

Bilateralsystem

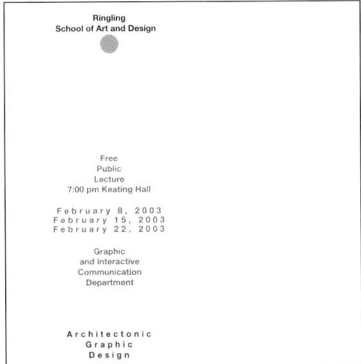

Casey McCauley

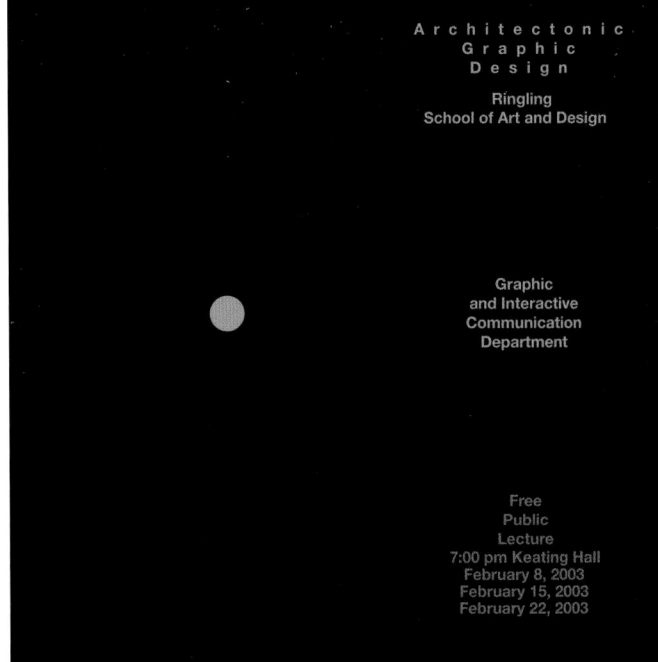

Casey McCauley

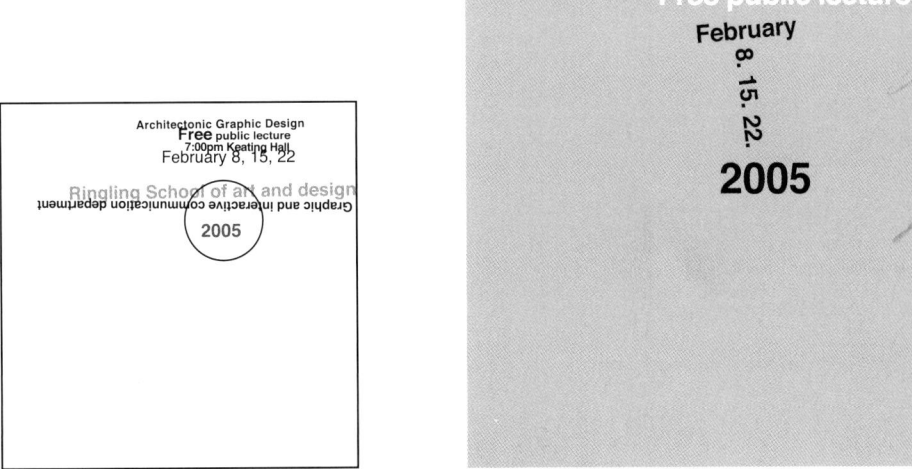

Jonathon Seniw

Jonathon Seniw

Bilateralsystem

Asymmetrische Platzierung

Diese Kompositionen weisen sowohl eine asymmetrisch platzierte bilaterale Achse als auch ein großes grafisches Element auf. In den Entwürfen rechts scheint oben der Kreis und unten das Rechteck von der Ecke her auf die Bildfläche einzuwirken. Die Platzierung in der Ecke und die Beschneidung deuten auf Bewegung hin und lassen das grafische Element größer wirken als es ist, weil das Auge den unsichtbaren Teil ergänzt.

Bei den vier großen Layouts auf dieser Doppelseite tritt der Text gegenüber der Größe und dem Grauwert des grafischen Elements in den Hintergrund. Ausgeglichen wird diese Verlagerung durch den visuellen Reiz der Gesamtkomposition.

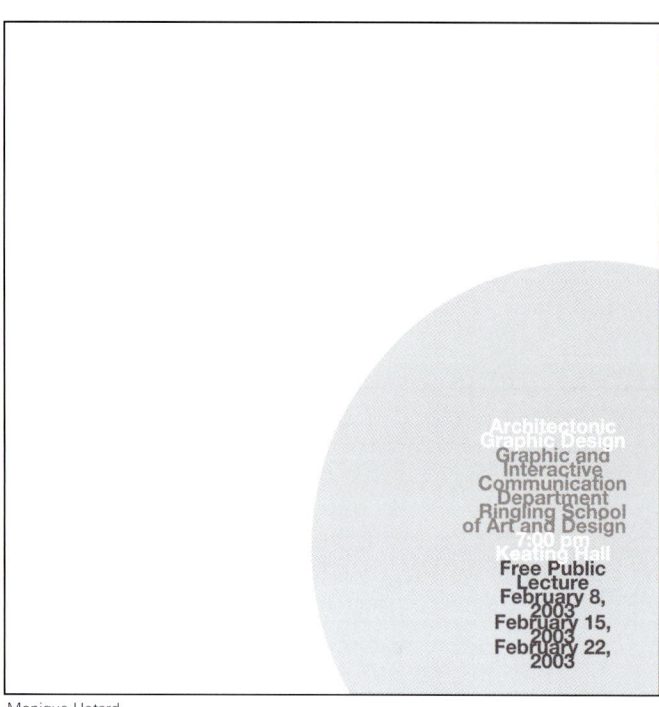

Monique Hotard

Studie mit nur einer Schriftgröße und Strichstärke für die Komposition rechts unten

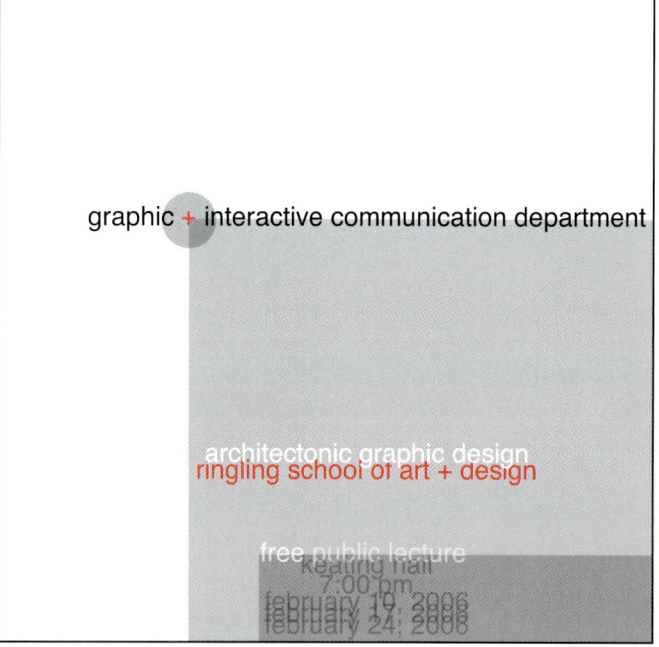

Wendy Ellen Gingerich

Bilateralsystem

Studie mit nur einer Schriftgröße und Strichstärke für die Komposition rechts oben

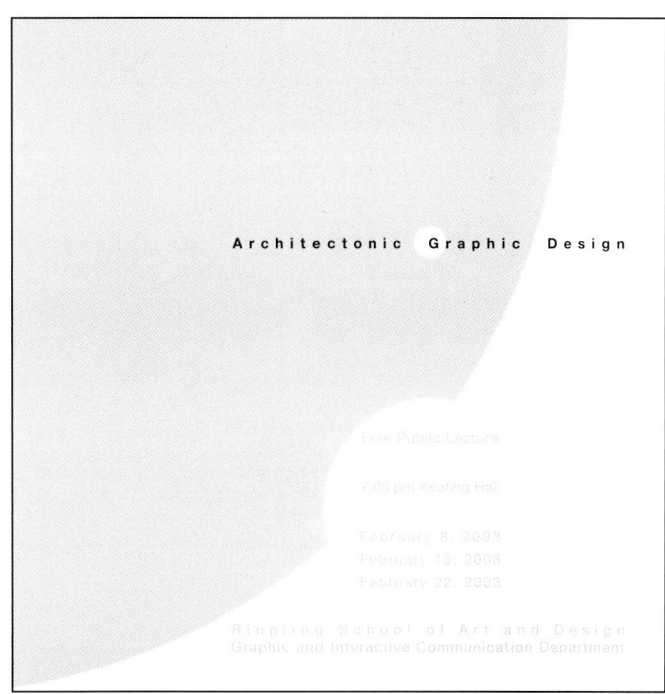

Loni Diep

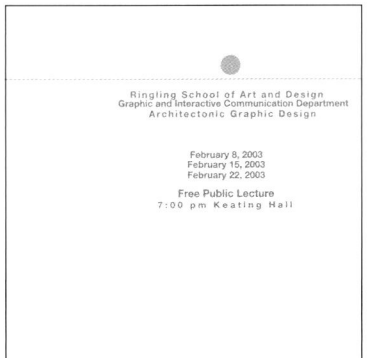

Studie mit nur einer Schriftgröße und Strichstärke für die Komposition rechts unten

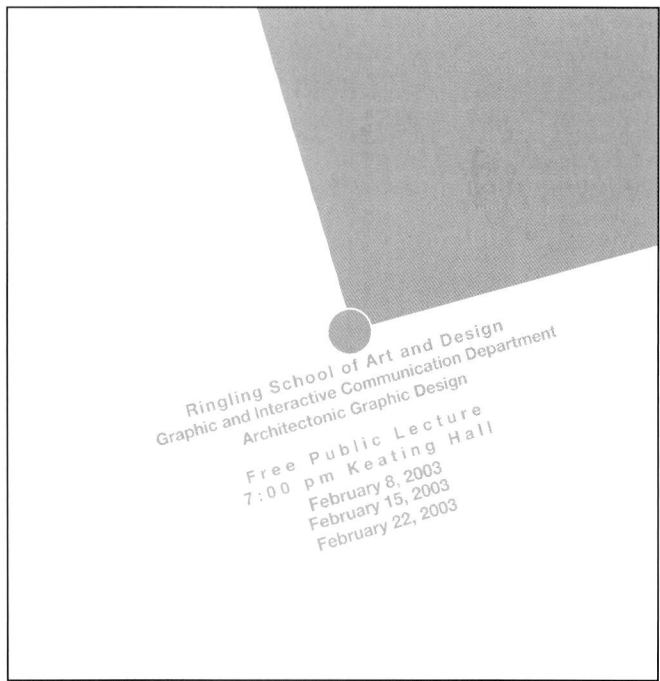

Pushpita Saha

Danksagung

Ein besonderes Dankeschön an meine Studenten an der Ringling School of Art and Design, die ihre Arbeiten für dieses Buch zur Verfügung gestellt haben. Durch sie hat sich meine Lehrtätigkeit vom Frontalunterricht zu einer Form des gemeinsamen kreativen Experimentierens gewandelt.

Mein Dank gilt Mona Bagla, Elizabeth Centolella und Chris Haslup für ihre Hilfe bei der Recherche und Organisation. Besonders möchte ich auch dem Faculty and Staff Development Grant Committee der Ringling School of Art and Design für seine Unterstützung dieses Projekts danken.

Bildnachweis

„Amertume" Plakat, „Bresil" Plakat, Philippe Apeloig

„Ba-Tsu" Plakate, Makoto Saito

„Bring in Da Noise Bring in Da Funk" Plakat, Paula Scher, Pentagram Design

„Cim" Plakat, Allen Hori

„Designing with Time" Presentation, Dan Boyarski

„Despite Flamewars" Seite, Gail Swanlung, Rudy Vanderlans

„End of Print" Plakat, „The News You Need" Anzeigen, Seiten in *Die Weltwoche*, David Carson

„Getty Center Fellowships" Plakat, Rebeca Méndez

„Holland Dance Festival" Plakat, Studio Dumbar „Inventionen '82", „Inventionen '83", „Inventionen '84", „Inventionen '96", Bernard Stein und Nicolaus Ott

„Life's a Dream", Gail Swanlund, Swank Design

„Le Corbusier" Plakat, Werner Jerker

„MIT Chamber Music" Programm, Dietmar Winkler

„The New Discourse" Seite, Katherine McCoy

„Old Truman Brewery" Plakat, Paul Humphrey und Luke Davies, Insect

„Serenaden 92" Plakat, Odermatt & Tissi

„Skyline", Massimo Vignelli

„10 Zürcher Maler" Plakat, mdmdf Kalender, aus Emil Ruder, *Typographie*, Niggli Verlag, 1960

Vibrato Website, Intersection Studio

„Zürcher Künstler" Plakat, Odermatt & Tissi

Ausgewählte Literatur

Apeloig, Philippe. *Inside the Word*. Schweiz: Lars Müller Verlag, 2001

Blackwell, Lewis. *20th-Century Type*. New Haven: Yale University Press, 2004.

Blackwell, Lewis. *20th Century Type: Remix*. Corte Madera, CA: Gingko Press Inc., 1998.

Blackwell, Lewis und David Carson. *David Carson: 2ndsight: Grafik Design After the End of Print*. New York: Universe Publishing, 1997

Broos, Kees und Paul Hefting, *A Century of Dutch Graphic Design*. Cambridge: MIT Press, 1993.

Cohen, Arthur A. *Herbert Bayer*. Cambridge: MIT Press, 1984.

Davis, Susan E. *Typography 23: Annual of the Type Directors Club*. New York: HBI, 2002.

Elam, Kimberly. *Expressive Typography: The Word as Image*. New York: Van Nostrand Reinhold, 1990.

Elam, Kimberly. *Proportion und Komposition. Geometrie im Design (Geometry of Design: Studies in Proportion and Composition.* 2001) New York: Princeton Architectural Press, 2006.

Elam, Kimberly. *Gestaltungsraster. Ordnungssysteme für Schrift (Grid Systems: Principles of Organizing Type.* 2004) New York: Princeton Architectural Press, 2006.

Friedl, Friedrich, Nicolaus Ott und Bernard Stein. *Typography: An Encyclopedic Survey of Type Design and Techniques Throughout History*. New York: Black Dog und Leventhal Publishers, Inc., 1998.

Gottschall, Edward M. *Typographic Communication Today*. Cambridge: MIT Press, 1989.

Harper, Laurel. *Radical graphics/graphic radicals*. San Francisco. Chronicle Books, 1999.

Küsters, Christian und Emily King. *Restart: New Systems in Graphic Design*. New York: Universe Publishing, 2001.

Lupton, Ellen. *Mit Schrift denken. Ein kritischer Ratgeber für Grafiker, Autoren, Lektoren und Studenten. (Thinking with Type: A Critical Guide for Designers, Writers, Editors, and Students.* 2004) New York: Princeton Architectural Press, 2007.

McCoy, Katherine, P. Scott Makela, and Mary Lou Kroh. *Cranbrook Design: The New Discourse*. New York: Rizzoli International, Inc., 1990.

Meggs, Philip B. *The History of Graphic Design: 3rd Ed*. New York: John Wiley and Sons, Inc., 1998.

Meggs, Philip B. *Type & Image: The Language of Graphic Design*. New York: Van Nostrand Reinhold, 1989.

Müller-Brockmann, Josef. *Grid Systems in Graphic Design*. Switzerland: Arthur Niggli Ltd., 1981.

Poynor, Rick. *No More Rules: Graphic Design and Postmodernism*. New Haven: Yale University Press, 2003.

Poynor, Rick und Edward Booth-Clibborn und Why Not Associates. *Typography Now: The Next Wave*. Japan: Dai Nippon, 1991.

Poynor, Rick. *Typography Now Two Implosion*. London: Booth-Clibborn Editions, 1996.

Rüegg, Ruedi und Godi Fröhlich. *Basic Typography: Handbook of Technique and Design*. Zurich: ABC Verlag, 1972.

Ruder, Emil. *Typography: A Manual of Design*. Switzerland: Arthur Niggli ltd., 1967.

Samara, Timothy. *Making and Breaking the Grid: A Graphic Design Layout Workshop*. Gloucester, MA: Rockport Publishers, 2002.

Schmid, Helmut. *Typography Today*. Tokyo: Seibundo Shinkosha, 1980.

Skolos, Nancy und Thomas Wedell. *Type Image Message: A Graphic Design Layout Workshop*. Gloucester, MA: Rockport Publishers, 2006.

Spencer, Herbert. *Pioneers of Modern Typography*. Cambridge: MIT Press, 1983.

Vignelli, Massimo. *Design: Vignelli*. New York: Rizzoli International Publications, Inc., 1990.

Walton, Roger. *Typographics 3*. New York: Harper Design International, 2000.

Walton, Roger. *Typographics 4*. New York: Harper Design International, 2004.

Register

A
Al-wassia, Sarah, 25, 101
Andersen, Christian, 98, 99, 135, 146, 148
Apeloig, Philippe, 123, 124
Axialsystem, 7, 17–20
    Diagonalachse, 32
    Explizite geformte Achse, 31
    Gedachte geformte Achse, 30
    Geringe Spaltenbreiten, 24
    Geformter Hintergrund, 29
    Große Spaltenbreiten, 25
    Horizontale Bewegung, 28
    Miniskizzen, 22–23
    Transparenz, 26–27

B
Bagla, Mona, 25, 33, 95, 102
Ba-Tsu, 73, 74
Bilateralsystem, 9, 139–43
    Asymmetrie durch grafische Elemente, 150–51
    Asymmetrische Platzierung, 152ff
    Miniskizzen, 144–45
    Grafische Elemente, 148–49
    Symmetrie und Grauwert, 146–47
Blocksatz, 94, 143, 145
Blouse, Dustin, 29, 96, 146, 152
Bodok, Eva, 67, 98, 131
Borthwick, Jeremy, 30
Boyarski, Dan, 124
Bresil, 124
Bring in 'Da Noise, Bring in 'Da Funk, 38
Brown, Kisa, 27
Bucholtz, Jeff, 114

C
Cannistra, Andrea, 42, 131
Carson, David, 75, 107, 108
Carvalho, Lara, 96
Centolella, Elizabeth, 65, 99, 136
Chase, Katherine, 81, 134
Chaves, Elsa, 66, 129
Clark, Amanda, 82, 102, 133, 151
Clark, Phillip, 95, 117, 137, 151
Cox, Jeremy, 44

D
Davies, Luke, 37
Diaz, Willie, 45, 116, 133
Diehl, Casey, 46, 83, 97, 118, 150
Diep, Loni, 29, 31, 32, 49, 50, 64, 83, 103, 112, 119, 149, 155
Dijk, Bob van, 125
Dyer, Heidi, 69, 137

E
Edwards, Kieshea, 33, 128
Emigre (Zeitschrift), 143
End of Print, 107
Evans, Alex, 102, 116

F
Flis, Stephanie, 128, 148
Frykholm, Jennifer, 82

G
Getty Center Fellowships, 39
Gingerich, Wendy Ellen, 85, 154
Grafische Elemente, 14–15, 62, 80, 116–17, 148–49
    Kreise, 14–15
    Balken, 14–15
    Grauwerte, 14–15
Grauwert, 8, 10, 14–15, 25, 27, 30–31, 33, 42–45, 47, 49, 66, 69, 84, 94–96, 103, 111, 118–19, 130, 132, 146–47, 149, 154
Greiner, Matt, 78
Guerrero, Giselle, 79, 147

H
Hardy, Nathan Russell, 49, 66
Harper, Azure, 28, 131
Hoene, Ian, 46
Hori, Allen, 38
Hotard, Monique, 154
Humphrey, Paul, 37

I
Informelles System, 8, 105–108
    Bewegung, 112–13
    Bildsprache, 119
    Diagonalen, 118
    Grafische Elemente, 116–17
    Miniskizzen, 110–11
    Richtungswechsel, 114–15
Insect, 37
Intersection Studio, 91
Inventionen, 55

J
Jenkins, Laura Kate, 95, 103
Jerker, Werner, 19
Johnston, Michael, 116, 128, 129

K
Kirkpatrick, Bruce, 94
Kleef, Elizabeth van, 49
Kreissystem, 53–57
    Achse, 64–65
    Doppelte Spirale, 67
    Geschlossene Kreise, 69
    Grafische Elemente, 62
    Krümmungslinien, 68
    Miniskizzen, 58
    Spirale, 66
    Struktur, 60–61
Kreis und Komposition, 12
Kroh, Mary Lou, 142

L
Lafakis, Nicholas, 26
Lamora, Jorge, 24, 118
Laufweite, 10, 23, 77, 94, 107, 110–11, 148
Law, Chean Wei, 43, 81, 132
Lee, Heebok, 124
Levreault, Jennifer, 148
Life's a Dream, 75

M
Makela, P. Scott, 142
McCauley, Casey, 133, 153
McCoy, Katherine, 142
Meer, Deen van, 125
Mendez, Omar, 60
Méndez, Rebeca, 39
Modularsystem, 9, 121–25
    Kreisförmige Module, 128–29
    Miniskizzen, 126–27
    Quadratische Module, 130–31

Rechteckige Module, 132ff
    Transparenz, 136–37
Moulton, Forrest, 48

O
Odermatt & Tissi, 34, 141
Orsa, Anthony, 68, 114
Ott, Nicolaus, 55

P
Pena, Melissa, 33, 80
Pentagram Design, 38
Plymale, Mike, 47, 68, 100, 130
Price, Chloe, 136

R
Radialsystem, 7, 35–39
    Ausrichtung an einem Kreisbogen, 47
    Balken und Hierarchie, 44
    Betonungsstrategien, 42
    Einschließung, 46
    Gruppierungsstrategien, 43
    Miniskizzen, 40–41
    Rechte und stumpfe Winkel, 48
    Rechte Winkel, 49
    Spirale, 50
    Transparente Ebenen, 45
    Vergrößerter Kreis, 51
Rapach, Ann Marie, 29
Rastersystem, 8, 87–91
    Beschnittenes Format, 98
    Grafikbetonte Struktur, 100–101
    Grauwert, 95–96
    Gruppen und Untergruppen, 94
    Horizontal/Vertikal, 99
    Miniskizzen, 92–93
    Rhythmus und Richtung, 97
    Transparente Struktur, 102–103
Rivenburgh, Melissa, 30, 163
Rodriguez, Jose, 48
Ruder, Emil, 20, 90
Rusnock, Noah, 61, 108, 115

S
Saha, Pushpita, 68, 84, 113, 115, 152, 155
Saito, Makoto, 73, 74

Sawyer, Chad, 66, 85
Scher, Paula, 38
Seniw, Jonathon, 25, 137, 147, 153
Serenaden 92, 141
Skyline, 89
Sperren, gesperrt 29, 92–94, 107, 115
Stein, Bernard, 55
Studio Dumbar, 38, 125
Suter, Sara, 134
Suwaid, Mei, 113
Swank Design, 75
Swanlund, Gail, 75, 143

T
Talansky, Lawrie, 79, 112, 115
Tatman, Trish, 96, 100, 152, 165
The Old Truman Brewery, 37

U
Überschneiden, 45, 69, 76, 126, 128

V
Valantasis, Chris, 47
Vautour, Jon, 80
Vibrato, 91
Vignelli, Massimo, 89

W
Weißfläche, 24, 40, 42, 92, 106, 110, 120, 145
West, Gray, 51, 62, 63, 149
Wilkins, Rebekah, 31, 51, 113, 135
Winkler, Dietmar, 20
Wortabstand, 10, 94

Z
Zeilenabstand, 10–11, 22, 145
Zeilenumbruch, 10–11, 22–23, 145–46
Zufallssystem, 8, 71–75
    Geformter Hintergrund, 82
    Grafische Elemente, 80
    Miniskizzen, 76–77
    Rein typografische Struktur, 78
    Wiederholung, 84